稻田生态综合种养理论与实践

主　编　翁晓波　许　林　宋述元

天津出版传媒集团

天津科学技术出版社

图书在版编目（CIP）数据

稻田生态综合种养理论与实践 / 翁晓波，许林，宋述元主编. － 天津：天津科学技术出版社，2020.3

ISBN 978-7-5576-7253-9

Ⅰ. ①稻… Ⅱ. ①翁… ②许… ③宋… Ⅲ. ①稻田－生态农业 Ⅳ. ①S511

中国版本图书馆 CIP 数据核字（2019）第 267639 号

稻田生态综合种养理论与实践

DAOTIAN SHENGTAI ZONGHE ZHONGYANG LILUN YU SHIJIAN

责任编辑：韩　瑞

责任印制：兰　毅

出　　版：	天 津 出 版 传 媒 集 团
	天津科学技术出版社
地　　址：	天津市西康路 35 号
邮　　编：	300051
电　　话：	(022) 23332390
网　　址：	www. tjkjcbs. com. cn
发　　行：	新华书店经销
印　　刷：	三河市悦鑫印务有限公司

开本 850×1168　1/32　印张 6.5　字数 200 000

2020 年 3 月第 1 版第 1 次印刷

定价：32.80 元

《稻田生态综合种养理论与实践》

编委会

前　言

　　稻田生态综合种养技术是将种稻和养鱼（虾、鳖等水产）结合起来，把两个生产场所重叠在一起，提高了土地和水资源的利用率，充分发挥水稻和鱼共生互利的作用，从而获得有机水稻和有机鱼（虾、鳖）双丰收，达到"一水两用、一地多收"的效果。有利于粮食安全、食品安全和生态安全。

　　本书强调稻田种养生态循环特性，规范稻田种养生态农业模式及技术。介绍我国稻田主要生态综合种养模式及技术，以促进稻田种养规模化、标准化、专业化、产业化的发展。

　　由于编者水平所限，加之时间仓促，书中不尽如人意之处在所难免，恳切希望广大读者和同行不吝指正。

编　者

目　录

第一章　稻田生态综合种养的理论基础 ………………… (1)

第一节　稻田种养系统的环境改善 ………………… (1)

第二节　稻田种养系统的结构优化 ………………… (4)

第三节　稻田种养的模式及类型 ………………… (7)

第四节　稻田种养的水稻栽培 ………………… (14)

第二章　稻田生态养殖泥鳅 ………………………………… (23)

第一节　稻田生态养殖泥鳅的优点 ……………… (23)

第二节　稻田生态养殖泥鳅的模式 ……………… (24)

第三节　稻田的选择 ………………………………… (26)

第四节　做好田间工程 …………………………… (26)

第五节　做好防逃措施 …………………………… (27)

第六节　肥料的施用 ……………………………… (28)

第七节　苗种的投放 ……………………………… (29)

第八节　科学投饵 ………………………………… (30)

第九节　田水的管理 ……………………………… (31)

第十节　科学防病 ………………………………… (31)

第十一节　其他的日常管理 ……………………… (32)

第十二节　捕鳅上市 ……………………………… (33)

第三章　稻田生态养殖黄鳝 ………………………………… (35)

第一节　稻田的选择 ……………………………… (35)

第二节　做好田间工程 …………………………… (35)

第三节　做好防逃措施 …………………………… (36)

第四节　肥料的施用 …………………………………………（36）

第五节　苗种的投放 …………………………………………（37）

第六节　田水的管理 …………………………………………（38）

第七节　科学投饵 ……………………………………………（38）

第八节　科学防病 ……………………………………………（39）

第九节　捕鳝上市 ……………………………………………（40）

第四章　稻田生态养殖河蟹 …………………………………（42）

第一节　河蟹的饵料来源 ……………………………………（42）

第二节　稻田培育扣蟹 ………………………………………（46）

第三节　成蟹的稻田养殖 ……………………………………（57）

第四节　河蟹的病害防治 ……………………………………（65）

第五章　稻田生态养殖蛙鳖 …………………………………（76）

第一节　鳖的稻田养殖 ………………………………………（76）

第二节　蛙的稻田养殖 ………………………………………（92）

第六章　稻－鸭生态种养模式 ………………………………（106）

第一节　稻－鸭生态种养模式的意义 ………………………（106）

第二节　技术要点 ……………………………………………（107）

第七章　稻－鱼生态种养 ……………………………………（114）

第一节　稻鱼模式特点 ………………………………………（114）

第二节　稻鱼技术要点 ………………………………………（116）

第三节　稻鱼模式的应用 ……………………………………（119）

第八章　稻－螺生态种养 ……………………………………（121）

第一节　稻螺种养模式特点 …………………………………（121）

第二节　稻螺种养技术模式要点 ……………………………（122）

第三节　稻螺种养模式的应用 ………………………………（126）

第九章　稻田生态养殖小龙虾 ……………………………………（127）

第一节　概述 ………………………………………………………（127）

第二节　小龙虾繁殖技术 …………………………………………（132）

第三节　虾稻连作技术 ……………………………………………（143）

第四节　虾稻共作技术 ……………………………………………（149）

第五节　虾鳖鱼稻综合种养技术 …………………………………（155）

第六节　虾蟹鱼稻综合种养技术 …………………………………（163）

第七节　虾鳖鳝稻综合种养技术 …………………………………（166）

第八节　虾鳅稻综合种养技术 ……………………………………（176）

第九节　稻田虾鳝共作技术 ………………………………………（181）

第十节　龙虾病害的防治 …………………………………………（185）

第十一节　小龙虾的捕捞与运输 …………………………………（193）

主要参考文献 ………………………………………………………（198）

第一章　稻田生态综合种养的理论基础

稻田种养是以水田稻作为基础，在水田中放养鱼、虾、蟹、鸭等水产动物，充分利用稻田光、热、水及生物资源，通过水稻与水产动物互惠互利而形成的复合种养生态农业模式。世界上各国都有稻田养殖产业，尤其在东南亚地区十分盛行，又以中国历史最为悠久。稻田种养复合系统与当地的文化、经济和生态环境相结合，在保护当地生物多样性和维持农业可持续发展方面起着重要作用。

第一节　稻田种养系统的环境改善

稻田生态系统，引入养殖动物后，水稻与之互惠互利，一方面，水稻和稻田植物为养殖动物提供了庇护和食物；另一方面，养殖动物的活动改造了环境，使环境因素有利于水稻生长，这就是"稻田养鱼，鱼养稻田，稻鱼共生理论"的直观解释。

一、水位和水温

稻田水位较浅，一般水深 3～7cm，深者也不过 15cm，因而水温变化一般要比鱼池塘大。水温受气温、光照和风的影响较大，稻田水浅时，其日温差也大。在夏季，白天有时水温可高达 41℃，以下午 3 时为最高，凌晨 3～6 时为最低。昼夜温差可达 4.5～14.6℃，其中 8 月份的昼夜温度变化尤为显著。在水稻生长茂密的稻田中，适当保持深水层，保证水温受气温的影响不大。稻田养殖水位的升降变化是根据水稻不同发育阶段的需要而人为调控的，一方面可以根据需要调控水位；另一方面，稻田养殖常配套相应的田间工程，如沟坑、水函、养殖沟等，可保证高温季节浅水不影响养殖动物的活动。

我国种稻时节一般是 5～11 月份，此时是全年中气候比较温和的时期（除个别地区外），平均温度为 15℃左右，是农业生产的黄金季节。稻田水温由于水稻的遮阳作用，要显著地低于气温，即使在夏季炎热的季节，稻田气温高达 35℃ 以上时，稻田的水温仍低于 35℃，因此为稻田养殖创造了适合的水温。

二、水质和溶解氧

充足的溶氧量。水稻是天然的生产者，利用光能制造氧气，稻田还有大量植物及藻类进行光合作用，释放大量的氧气；同时稻田水浅，水面上氧气充足，一经风吹稻动，氧气就溶入水中，从而提升了稻田水中的溶氧量，据检测稻田中水里的溶氧量为 2.25～10mg/L。稻田还经常进行换水，水体交换大，也保证了水中，特别是夜间水中的溶氧量。稻田植物生长利用田面水体氮、磷效率高，只要保持正常放养量和合理施肥、投饲，就不会出现富营养缺氧现象。

合适的 pH 值。当水中的 pH 值达到 4～6 时鱼类就生长不好，pH 值为 4～5.5 时水质过酸，鱼类不仅长不好且易患病，发生死亡。同样当水中 pH 值为 9～10.5 时则为过碱，鱼类也生长发育不良，甚至死亡。水稻对稻田水的 pH 值要求是微碱性（pH 值 7～8.5），这与鱼类生长的最适 pH 值一致。

有益的微环境。稻田水中含有大量的光合细菌，以光作为能源，能在厌氧光照或好氧黑暗条件下利用自然界中的有机物、硫化物、氨等作为供氢体兼碳源进行光合作用，能够降解水体中的亚硝酸盐、硫化物等有毒物质，净化水质、预防疾病，有效地改善了生态环境。稻田比较容易利用生物多样性，建立健康水体，控制鱼类疾病传播。

三、饵料和食物

虽然稻田中浮游生物在种类和数量上都较养殖鱼池塘中的少，但稻田浮游生物生长快、周期短，在秧苗刚插好的一段时间内，浮游动物繁殖有一个高峰期，很快可以提供丰富的饵料。与鱼池塘不同的是，稻田中底栖动物较多，丝状藻类和各种杂草大量繁殖，稻田水浅温高，光照充足，正是许多水生维管束植物良好的生活环境。

同时，稻田施肥培育了丰富的饵料生物，含有大量的浮游植物、动物和微生物，这些微生物营养丰富，蛋白质含量可达64.15%～66.0%，而且氨基酸组成齐全，含有机体所需的 8 种必需氨基酸，各种氨基酸的比例也比较合理，可作为水产养殖中的培水饵料及作为饲料添加成分的物质基础。

四、土壤和基质

稻田的土壤由于种稻需要，要经过翻耕、暴晒、轮作，这些工作消灭了土壤中的大部分细菌、病毒及寄生虫，为消灭鱼病创造了有利条件。一般稻田土质松软，溶氧充足，水温适宜，营养盐类充足，松软的土质给鱼类的活动提供了方便。充足的溶氧来源于大气、灌溉水以及在水中进行光合作用的多种水生植物释放和水稻根系的泌氧。稻田中的磷、钙、钾等营养盐比鱼池塘和湖泊丰富得多，丰富的营养盐类是养殖鱼类生长、蜕壳必不可少的物质。

鱼类在觅食的过程，可以捕食水稻害虫，吃掉水稻无效分蘖，搅动田水和土壤，起到增温、增氧、增强土壤通气性和根系活力等作用，为水稻生长创造了良好的环境条件。

第二节 稻田种养系统的结构优化

一、食物网结构优化——填补空白生态位

(一)动物在农田生态系统中的作用

从理论上讲，仅有生产者和分解者，而无消费者的生态系统是可能存在的，但对于大多数生态系统来说，消费者是极其重要的组分。没有消费者的生态系统，一方面，分解者的分解任务重，压力大；另一方面，没有经过消费者转化的有机物，利用率不高，分解者还原比较慢，这必然影响生态系统内的物质循环和能量流动，降低生态系统机能。消费者不仅对初级生产物起着转化、加工、再生产的作用，而且许多消费者对其他生物种群数量起着调控的作用。实际上，地球上物种最多、最丰富的还是动物，它们维持了生物圈最大的生物多样性，在过去的 200 多年中，生物学家已经发现、命名和记录了 150 多万种生物，其中 70% 以上是动物。

不仅在自然生态系统，在人工调节控制的农业生态系统中，动物生产更是极其重要的生产，因为人们不仅需要粮食，还需要动物蛋白。一方面，农业生态系统的重要目标是为人类提供充足的粮食和丰富的食品；另一方面，缺少动物生产导致农业生态系统能量、物质的巨大浪费；再者，单一的植物生产缺乏动物生产的调节，系统的稳定性、抗风险性下降。植物生产、动物生产、微生物生产相互衔接是"三个车间"学说的核心内容，以至于科学家很早就提出"农牧结合""猪多－粮多－肥多"等良性循环理论。

在稻田生态系统中直接引入动物养殖，一方面，可由养殖动物充分利用稻田内非水稻生产的植物生物量（杂草、浮游植物等）、动物生物量（浮游动物、底栖动物等），即所谓对浪费能量、物质的"截留"作用；另一方面，养殖动物对稻田物质循环具有强大的调控

作用，以达到提高生物多样性、强化生态机能、提升生态功能的作用。

（二）生态系统营养结构及食物链设计

生态系统的营养结构是指生态系统中生物与生物之间，生产者、消费者和分解者之间以食物营养为纽带所形成的食物链和食物网，它是构成物质循环和能量转化的主要途径。自然生态系统在长期演化和适应进化过程中，建立了完善的食物链、食物网联系，不同生物类群形成了独特生活习性的明确分工，分级利用自然界所提供的各类物质。一方面，生物的生态位分离，各居其位、各司其职，尽可能减少生态位重叠和竞争；另一方面，充分利用全部、不同来源的环境资源，物尽其用，尽可能减少资源浪费。这样才使有限的空间内能养育众多的生物种类，并保持着相对稳定的状态。

但农业生态系统强烈受人类控制，其主要目的是生产农产品，人们往往通过外加辅助能（化肥、农药、机械等）来维持系统的稳定和运行，致使农业生态系统生物成员简化，少数生物类群生产力提高，其他类群受到取缔，结构单一，系统抗逆性下降。结果不仅造成系统不稳定，对外界辅助能依赖，同时造成能量、物质的巨大浪费。正因为如此，人们往往模仿自然生态系统，研究设计合理的食物链结构，如农作物的秸秆及其加工后的副产品糠糟、饼粕等用来养殖牲畜或栽培食用菌；牲畜的粪便和菌床残肩等可以用来养蚯蚓，生产动物蛋白质饲料；养蚯蚓后的废物包括蚯蚓粪又是农作物的优质肥料。这也是所谓的食物链设计，或食物链加环。

食物链设计的原则，一是避免生态位重叠导致生态竞争；二是尽可能填补空白生态位，避免资源浪费。食物链加环，有生产环、增益环、减耗环和复合环。

（1）生产环，引入生物环节利用某些环节不存在竞争的废弃物资源来生产有价值的产品，如引进草食动物。

（2）增益环，引入生物环节虽不能生产有价值的新产品，却能延伸链条扩大生产环的效益，如利用残渣中的营养成分，形成高蛋白饲料。

（3）减耗环，在食物链中有的环节只是消耗者或破坏者，对生产不利，如害虫，为了抑制其危害，可引入减耗环，如人工饲养赤眼蜂和瓢虫等。

（4）复合环，引入生物环节对系统具有多种效用，如稻田养鱼或养鸭，既可除虫草，又可增肥松土；既可增产稻谷，又可增产鱼或鸭蛋，具有多种效益。

二、水平结构的优化——边缘效应

由于群落交错区生境条件的特殊性、异质性和不稳定性，使得比邻群落的生物可能聚集在这一生境重叠的交错区域中，不但增大了交错区中物种的多样性和种群密度，而且增大了某些生物种的活动强度和生产力，这一现象称为边缘效应（edge effect），稻田复合生态系统中的边缘效应比较明显。

在稻田复合生态系统中，为了保证养殖动物的正常活动，解决由于田面水浅而带来对鱼类的不良影响，往往要配套田间工程建设，如稻田养鱼的"垄稻沟鱼"系统，沟坑式、水凼式、筑坝式等系统；稻田养虾（蟹、鳖）等的养殖沟、回形沟、十字沟、一字沟等。这些沟、坑、凼，一方面为动物活动提供了通道和生活场所；另一方面为植物提供了通风透光的走廊，因此，无论是对水稻，还是对养殖动物，都提供了边缘效应，形成边行优势。研究表明，一般养殖沟面积不超过10%，而水稻增产却常在10%以上。

三、垂直结构的优化——分层利用

稻田复合系统中生物成分复杂，有水稻、杂草等植物，以及动物和微生物，它们习性差异大，分布在不同垂直层面，如上层是水稻，中层是杂草，下层是浮游植物，还有沉水植物；动物分层也较明显，特别是引进养殖动物并改进田间工程后，不同动物依据适合的阳光、温度、食物和含氧量等分布在不同层次。影响浮游动物垂直分布的原因主要取决于阳光、温度、食物和含氧量等。多数浮游动物一般是趋向弱光的，因此，它们白天多分布在较深的水层，而在夜间则上升到表层活动，此外，在不同季节也会因光照条件的不同而引起垂直分布的变化。

在稻田养殖系统中，养殖的节肢动物、软体动物、两栖类动物等，可以根据不同时期的需求及水体深浅而分布在不同层次，如稻田灌水调控有时要晒田，当田面水浅或干枯时，动物可回到养殖沟和水凼；当田面水回升时，动物可回到田面及稻丛中觅食。这样无形中拓宽了养殖动物的生态位，提高了资源利用效率。影响动物分层、分区分布的因素很多，一是按食物的丰富程度；二是按光照及昼夜节律；三是按水体深浅、水温及溶解氧；其他还有天敌等因素。

四、时间结构的优化——时间差

稻田种养系统，常根据不同生物对季节条件、温度等的需求不同，利用时间差。特别是在复合系统中，有植物与动物的时间差，如稻虾连作，夏秋主要是水稻生长、冬春主要是虾类生长；有些传统稻田养鱼中，短期稻田养鱼可在稻田插空进行，如秧田养鱼；一些地方把鱼类养殖看作一季作物，与水稻进行间、混、套种，有利于稻田光温资源的利用。有动物与动物的时间差，如虾—蟹、虾—鳖混养等，在稻—虾—鳖混作模式中春、夏水稻与虾共生为主，夏、秋水稻与鳖共生为主。实际应用中，这种时间差多方面可加以应用，一是同类养殖的上市时间差；二是田间植物种植和动物养殖时间差；三是混养中不同养殖动物的时间差；四是田内种植植物的时间差。

第三节 稻田种养的模式及类型

随着稻田综合种养的快速发展，养殖的动物涉及鱼类、甲壳类、两栖类、禽类等（为了便于表述，文中常用"渔"代指各类动物的养殖），可供稻田养殖的动物繁多，不同养殖动物的习性和环境要求千差万别，导致生产方式、模式及田间工程差别也比较大，生产中还在不断探索、摸索新模式和新技术，有必要对相关技术模式进行归类、统一认识。

一、按种养结合形式分类

传统稻田养殖比较灵活，一方面种植制度比较复杂，涉及秧田养殖、早晚稻养殖、双季稻养殖，另一方面养殖鱼类多样，有寄养、养成鱼、育肥等。生产上叫法较多，如并作、兼作、轮作、间作、连作等，虽然现采用种植方式类似的叫法，但又有很多差别，也有些混乱。现代种植制度相对简化，不涉秧田，复种指数也下降，稻田中水稻和养殖动物的结合方式也简化，因此，这里希望结合种植制度及种养关系进行概念规范。根据种养结合方式、时间，养殖动物与水稻的衔接关系，稻田综合种养可分为共作、连作、轮作等类型。

（一）稻渔共作

主要强调稻渔的共生关系，即种稻和养殖在同一块田里同时进行，沟田相通，养殖动物紧密和水稻生产结合，水稻生产期基本上都有养殖动物活动，水稻和养殖动物在时间和空间上全方位互利共生。传统稻田养鱼也称"并作""兼作""间作"，这是稻田种养最主要的生产形式，适合于我国大部分稻作区。多数是在一季稻田内，如稻鸭共作、稻虾共作、稻蟹共生、稻鳖共生等；也有和双季稻共作的，如双季稻鸭、双季稻养鱼等。

（二）稻渔连作

主要强调一年内一季稻收获后，衔接养殖动物，即在同一块田里，种一季稻，养一季鱼，种稻时不养殖，养殖时不种稻。像稻-麦、稻等稻田复种方式一样，这种方式一年内只种一季水稻，其他时间养殖，往往是利用冬闲田养殖，水稻可直接收割稻穗，留稻草淹青、灌水沤烂、育肥水质，然后像池塘养殖一样养殖动物，传统稻田养鱼也把这种方式叫作稻鱼轮作。这种类型，水体大，鱼类放养时间长，产量较高，经济效益显著；方式比较简单、田间工程要求不高，也可避免种稻与养殖间的矛盾。但是，稻谷只有一季产量也较难发挥稻鱼共生的互补优势，对于生长季节长的养殖动物也存在季节矛盾，如稻虾连作，由于赶季节插水稻，造成虾个体不大、产量不高。所以，这种生产方式多适合在水稻产量不高的低洼田、低湖田、落河田、冬闲田实行。

实际生产中，设置一定的宽沟，实施周年养殖，可保持水稻生产季节与水稻共生；对于养殖时间短的鱼类，可以在稻田插空养殖，有先渔后稻，也有先稻后渔等方式，还可以有稻－鱼、麦－稻－鱼等多种方式。

（三）稻渔轮作

耕作学认为在同一块田地上，有顺序地在年间轮换种植，这种方式称为轮作。这里主要强调种养结合的年间轮换，即在同一块田里，一年种稻，一年养殖，如一年养鳖，一年种稻。通过种稻，改良稻田、池塘底质，减少病害，为鱼类生长创造近似野生环境；通过养殖，增加底质营养，提高土壤肥力从而为水稻生长提供养分。这里相对于池塘养殖是水旱轮作，水旱轮作有利于改土。实际生产中，种稻时也可养鱼，养鱼时也可种稻，但年间主体轮换，这种方式适合于低湖田、冷浸田、烂泥田或池塘种稻。

二、按田间结构分类

传统稻田养殖多发源于丘陵山区，利用稻田蓄水养鱼，其田间结构复杂多样，没有定式，主要有平板式、沟坑式、筑埂式等，具体因田间立地条件而定。现代稻田生态种养，一方面注重名特优水产养殖，另一方面注重产业化发展，平原区域发展较快，为了提高养殖产量，占稻田面积加大，多数会将田间结构固定下来，建成永久性的田间工程，工程质量规范，节省了每年重复开沟的劳动，因此，其田间结构简化、高标准、规范化，其类型主要有平板式、沟坑式、水凼式、宽沟式等。

（一）平板式

平板式是一种传统的养殖方式，田间结构简单，主要是加高田埂、增加蓄水、添加防逃跑设施，简单易行，适合养殖禽类、两栖类，如稻－鸭、稻－蛙、稻－菌等。其优点是简单易行、投入低、占稻田面积少、对稻田破坏少，传统山区稻田养殖大多为梯田，田块小、田埂狭窄、耕作层薄、保水性差，"沟坑法"又容易破坏耕作层引起稻田漏水而难以推广，但平板养殖水浅、养殖动物规格小、产量低。因此，改进的平板式，往往加高加宽田埂、增加蓄水，适当补充沟坑、添置小岛、设置避难场所（防晒网、遮阳棚、躲雨舍）。

（二）沟坑式

沟坑式的主要特点是"沟"、"坑"结合，鱼沟、鱼坑是稻田水较深的地方，是鱼类栖息和生长的场所。开挖鱼沟、鱼坑是解决稻田动物养殖与施肥、打农药及晒田矛盾的一项重要措施，也有利于鱼类夏季高温时避暑、定点投饵及收获时排水集鱼和捕捞。

这种方式是在我国传统稻田养鱼基础上改进的一种稻田种养方式，主要适合各种鱼类养殖，也是稻田种养的基本模式，很多材料介绍的"垄稻沟鱼""流水沟式""鱼沟鱼溜式""沟池结合式"等基本相似，主要是沟的规格、作用，坑的大小、功能、位置有所差别。

鱼沟是鱼类生活和出入坑、凼的通道，鱼沟分围沟和田内沟，围沟与田内沟互相贯通，鱼沟总面积占稻田面积的 5%～10%；围沟是沿稻田田埂内侧的环形沟，宽深各为 45～50cm，现代重视养殖的生产中，宽深可达到 80～100cm；田块内再挖内鱼沟，呈"十"字形、"目"字形、"井"字形等，田内沟宽、深均为 30～40cm。鱼坑，也叫鱼溜、鱼窝、鱼凼，开挖位置不拘，可开在中间，也可开在边上，有的在鱼沟交叉处扩大成鱼溜；鱼溜形状可以是正方形、圆形或长方形，有的将边上的鱼溜扩大成小池，面积在 $5m^2$ 左右，大的在 $30\sim60m^2$，深 $80\sim100cm$，面积占稻田面积的 $3\%\sim5\%$。

（三）水凼式

水凼式的主要特点是"沟""池"结合，水凼式稻田养殖，也叫田头坑养殖，在稻田中或田边修建水凼（小坑塘），水凼与田中的鱼沟相通，既有利于养殖，又可增强稻田抗旱保收能力。水凼比鱼溜、鱼坑要大、要深，深可在 $1m$ 以上，面积在 $10\sim100m^2$，大的可达上千平方米，是一个微型养殖池塘，通常占稻田面积的 $5\%\sim8\%$，有的开挖面积达到 13%，若有特殊需要，最大开挖面积可达 $15\%\sim17\%$。由于面积较大，土质较差的田块，要防止塌陷，水凼壁可用石板或水泥板护坡、作埂，为防止淤泥淤积凼内，凼口四周加筑高 $20\sim30cm$ 的围口埂。

水凼与环田的沟相通进行养殖，深灌水时，养殖生物可在整个田内游动、觅食，晒田，施化肥、农药时，养殖生物便可躲进凼内，收割水稻时，亦可将所养殖的水生生物引入凼内，待收割完毕后，加深水位继续养殖。这种方式是引进池塘养殖技术发展起来的一种稻田养殖形式，增加了稻田蓄水量，增加了鱼类活动空间，养殖产量较高，除了养殖鱼类之外，很多特种水产养殖都可采用，如养虾、蟹、鳖、龟等。

（四）宽沟式

宽沟是将以往的窄沟浅凼改为沟凼合一的深而宽的永久性鱼沟，也叫养殖沟，将低洼低产田的四周，开挖一圈沟，使沟与田埂呈"回"字形，这样田外加宽加高的田埂是外埂，保证水位调节，田内设有内埂。一般沟深 $1.5\sim2m$，沟宽视堤坝提土量而定，一般为 $3\sim4m$，有的达 $6\sim8m$，田中种稻，沟内养鱼，待水稻返青后提高水位，使鱼可以游逸出沟，在整个稻田内觅食和活动。为了保证稻鱼共生，田内也可设置少量鱼沟、鱼溜，"回"形沟及鱼沟总面积占稻田面积的 $10\%\sim15\%$。

此形式由于水体宽大，适合于平原大田块，放养量比普通的沟、溜式要大得多，而且可以采用池塘精养法作业，轮捕轮放，收稻后还可继续养殖，延长了生长期，可以提高产量和出池的规格，适合于名特优水产养殖，如虾、蟹、鳖、龟等，也可以多种动物混养。

三、按种养物种组成分类

适应稻田种养的动物、植物品种较多，养殖动物有常规鱼类（如草鱼、鲤鱼、鲫鱼等），有经济价值较高的名优水产，如河蟹、青虾、罗氏沼虾、青蛙、泥鳅、黄鳝、鲈鱼、胡子鲇、鳖、龟等，还有鸭、蛙、螺、蚌等；可种植的植物也很丰富，如茭白、莲藕、菱角、慈姑、水芹、水草、食用菌等。在模式上有单养也有混养，模式的叫法也多种多样。根据稻田种养的物种组成及结合方式可分为单养、混养、复合种养、立体种养等类型。

（一）单养

单养是指在稻田只养殖一种动物，无论是共作、连作还是轮作，稻田内主要以一种动物与水稻互利共生，如稻田养鱼、稻鸭共作、稻田特种养殖。这种方式有利于专业化、产业化发展经济价值较高的动物养殖，如稻鳝、稻虾、稻鳖、稻鳅、稻蟹等，且多用宽沟式共作方式进行。

（二）混养

该种方式主要强调多种养殖动物混养和水稻共生。即稻田种稻同时养殖多种动物，如稻-虾-鳖、稻-鱼-虾、稻-鱼-蟹等；传统稻田养鱼中，常采用多种鱼类混养，如稻田养草鱼常混搭养殖鲢、鳙、鲤、鲫等；动物混养可根据市场需求和动物食物营养关系及生态位互补进行搭配，有的为了养殖特种名贵水产，常混养鱼虾做饵料，如稻-鱼-鳖、稻-虾-龟；有的是鱼和禽类混养，有的是甲壳类和鱼混养，有的是两栖类和鱼混养。混养是根据生态位互补，多物种共栖，有利于系统稳定，可进一步提高稻田的生态效益和经济效益，但实际生产中，并不是越混、种类越多越好，混养中应注意其食物营养关系，避免竞争和伤害。

（三）复合种养

稻田种养为了提高水稻和主要养殖动物的生产效益，常引进一些次要物种，丰富食物营养关系，延长食物链，构成复合种养系统，如稻－萍－鱼、稻－萍－鸭、稻－虾－菜、稻－蟹－菜、稻－鱼－蛙模式等。种植和养殖的物种增加，形成多物种共栖，增加的物种往往是增益环，如水草、萍等可增加养殖动物的食物来源；也有减耗环，如青蛙、鸭等在养殖系统可以吃虫。

（四）立体种养

为了提高稻田生态种养产品质量、实施无公害生产，人们常结合稻田种养工程建设，添加不同生物成分，如田埂种草、种豆，建立复合生态系统。通过多种生物组合，综合利用、改造环境，形成立体生态农业模式，

稻田立体种养除较为常见的稻－萍－鱼、稻－鱼－鸭外，还有稻－笋－鱼、稻－藕－鱼及小区域的稻、鱼、果、菜、畜、禽立体组合形式等。稻田种养近几年普遍重视复合立体生态模式及综合利用，其主要特点是利用稻田种稻养殖经济动物，田埂及沟侧、凼边种菜或栽种其他经济作物，稻田周边空地栽种果树等作物，利用周边荒坡养禽等。综合种、养殖的实质仍然是动、植物间共生互利作用的有效利用，随着共生混作的动养种类增多，其对光、热、水、土、气等自然资源的利用程度能得以提高，但相应的限制条件也会随之增加，生产的技术水平和管理力度也应相应提高和加强。

第四节　稻田种养的水稻栽培

在稻田种养新的稻田生态环境条件下，我们必须坚持"以稻为主，以鱼为辅"的原则。通过对水稻常规栽培技术的调整，努力解决稻、鱼之间的矛盾，促使稻、鱼很好的共生，达到"稻田养鱼，鱼养稻，水稻增产鱼丰收"的目的。种养结合稻田的水稻栽培技术应掌握好关键性技术措施，即选择适宜养殖稻田种植的水稻品种；培育多蘖壮秧，适时早栽，合理密植；实行以基肥和有机肥为主的施肥原则；病虫防治以农业和综合防治为主；正确解决水稻浅灌、晒田与养殖的矛盾等。现将具体措施分述如下。

一、合理密植

（一）选择优良水稻品种

要求选择抗倒伏、抗涝、耐肥、抗病虫害、茎秆粗、米质优的大穗型品种。湖北多在一季中稻种养，选择的品种如 Y 两优 2 号、汕优系列、协优系列、甬优系列等。

（二）大苗移栽

采用大苗移栽，活棵后生长快，鱼类等经济水产品可早进入稻田觅食，减少追肥次数和用量，减少晒田次数并缩短晒田时间，减少施肥、晒田对鱼类等养殖生物的影响。平原地区，可采用精量直播和机插秧。山区、丘陵地区，可采用旱育秧，培育壮秧，大苗移栽。培育壮秧是水稻增产的关键技术措施之一，生产实践证明，培育壮秧应以肥培土、以土保苗。在水稻育秧上应大力推广应用旱地育秧技术，旱育秧具有早生快发、无明显的返青期、有效分蘖率高、抗性强、结实率高等特点，旱育秧苗床要多施充分腐熟的农家肥。保证秧苗根系发达、粗短、白、无黑根，苗基部粗扁、苗健叶绿，叶片上冲不披散；生长旺盛，群体整齐一致，个体差异小，苗体有弹性，叶片宽挺健、叶鞘短、假茎粗扁，到秧龄 30 天达到 3 个以上分蘖；叶色深绿，绿叶多，黄、枯叶少，苗高适中，无病虫。最好在移栽前 20 天普施一次高效农药，水稻的插种要适时，插种的时间各地因地理位置不同、模式不同，相差较大，应选择适当的时机适时插种。

（三）栽足基本苗

采用宽行窄株，长方形田块东西向栽插，可以改善田间光照和通风透气。宽行窄株，光照强，光照时间长，通风透气，有利于空气中的氧气溶解于水中和二氧化碳向空气中释放，降低稻田湿度，减少水稻的病虫害，也有益于鱼类的生活和生长。水稻插种时一般采用浅水移栽，插种方法通常可采用宽行密株，株行距可为 30cm×13cm 或 30cm×16cm，保证每亩有 16 万～20 万株秧棵，在沟、坑等四周适当密植，以利充分发挥边际优势，减少因开挖沟、坑造成的基本苗数损失。从全国各地的实践看，宽行窄株的长方形东西向密植比正方形南北向栽培既能增加稻谷产量，又能适于水生动物生长。水稻栽植密度以（23.3～26.7）cm×（8.3～13.3）cm 为佳。

二、减量施肥

稻田种养的施肥，既可以满足水稻生长的营养需要，促进稻谷增产，又有利于繁殖浮游生物，为滤食性鱼类提供丰富的饵料资源，反之如果施肥过量或方式不当，则会对鱼类产生毒害作用。一方面由于动物排泄物肥田，另一方面由于投放饵料，部分补充给系统养分。因此，稻田种养施肥比常规水稻栽培施肥可适量减少，具体用量可根据目标产量需肥量减除其他方式的补充量来确定。

（一）肥料种类

（1）有机肥。主要是指各种动物和植物等经过一定时期发酵腐熟后形成的肥料（其中包括经过加工的菜籽饼、饵料等）。稻田施用的有机肥主要指绿肥和厩肥，绿肥是指各种植物的枝叶沤制汁；厩肥是指动物圈中粪肥及其食物下脚料。

（2）无机肥。无机肥即化肥，不同的无机肥对鱼类有不同程度的影响。

氮肥，主要产品有硫酸铵、氯化铵、硝酸铵、尿素等，以尿素及铵态氮肥较为安全；氮肥中有效成分为氨或铵，这是水稻的重要营养物质，然而氮肥施用过多，会使水中氨超标，造成鱼类死亡。

磷肥，主要有过磷酸钙、钙镁磷肥、磷酸二氢钾等，磷肥能促进细胞分裂增加水稻抗逆性；磷肥不会直接对虾造成危害，但使用过多，会使稻田中藻类特别是绿藻繁殖过大，影响水质。

钾肥，常用的有硫酸钾、氯化钾等，其中氯化钾会对鱼、虾产生直接危害。

（二）肥料用量

养殖稻田的施肥原则是施足基肥，减少追肥，以基肥为主，追肥为辅，以有机肥为主，化肥为辅。基肥占全年施肥总量的 70%，追肥占 30%。

（1）施基肥。每亩可施碳酸氢铵 15～20kg，也可施钙镁磷肥 50kg，或施硝酸钾 8～10kg，或施氨水 25～50kg，也可施厩肥150～250kg。农家粪作基肥以每亩 800～1000kg 为宜。

（2）施追肥。每亩每次施碳酸氢铵 2.5～5kg，或尿素 7.5～10kg，或钙镁磷肥 15～20kg。农家粪作追肥每亩不超过 500kg。

（三）施肥方法

稻田养殖施肥的目的是为了让稻谷长得好，获得大丰收，也是为了培肥水质，但施肥方法不当，水稻的肥料利用不充分，还将过多的肥料施入田中，会使水质过肥，影响鱼类的生长。通常情况下，追肥在插秧后 15 天内施完，田水深度在 5～8cm 时，先施半边田，次日再施另半边田。每批追肥分 2～3 次施放。

追肥要选用对鱼类无毒害的肥料。一是追肥深施，将肥料拌土，做成小泥球，埋入稻苗中间 7～10cm 的土中；二是对一些缺锌、缺钾的稻田，插秧前，秧根浸蘸一下锌肥或钾肥溶液；三是对水稻后期缺肥的稻田，可将化肥溶液用喷雾器洒在稻叶上，进行根外追肥；四是用撒施法，多次撒施，每次只撒少量肥。

在养殖稻田施肥，要善于观察水色，看水色是否肥、活、嫩、爽，保持凼坑水色常呈油绿、青绿色即可。田中水色的透明要控制在 $25\sim30cm$，此时水质较理想，不用施肥；透明度在 $31\sim40cm$ 时，水为瘦水，说明稻田水中的肥力不足，需要追肥；透明度小于 $25cm$，甚至达到 $20cm$ 以下为老水，老水分两种情况，一种水质太肥，则需要加水，稀释过浓的水质，让其达到 $25\sim30cm$；另一种是水质已坏，变黑、白、灰样的死色，不鲜艳透明，通常有很多死亡的浮游生物尸体，而尸体腐烂有毒，会造成鱼类生病，此时需换水，将这些水放进未养殖的稻田作为下块田的肥料水，换水后要再施肥，培育水质。

（四）注意事项

（1）施肥不能撒在鱼类集中或鱼多的地方，如鱼坑、鱼沟内，以避免鱼误食，造成鱼类中毒而死亡。

（2）施化肥采取量少次多、少施勤施的方法。对鱼类刺激性较大的碳铵宜采取先施半块田后过 2 天再施半块田的方法。

（3）每隔 $10\sim15$ 天施肥 1 次。施肥的目的是种稻，也可培育水中浮游生物喂养动物。因此，在选择肥料时，应以农家肥、有机肥为主，尽量少用化肥。

（4）阴雨天不能施肥，因为在下雨时若施肥，肥料会顺水流入田中而污染水质，使鱼肉出现化肥味。

（5）闷热天不要施肥，天气闷热时，鱼类易浮头受惊，受化肥刺激而造成死亡。

三、科学管水

水是稻和鱼类生长的必备条件，但二者对水的要求有很大差异。

水稻对水分要求是寸水插秧，薄水分蘖，放水搁田，覆水养胎，湿润灌浆，干田收割，田间水位必然有浅、有深、有干；而养殖鱼类对水的要求是水质肥而不浓、爽而不死，水位越高越好。因此，在田间排灌中要协调稻和鱼之间的用水矛盾，加强水质和水位两方面的管理。

（一）水质管理

稻田养殖的用水要求：①稻田水体不得带有异色、异臭、异味；②水面不得出现明显油膜或浮沫；③水中的悬浮物质人为增加的量不得超过 10mg/L，而且悬浮物质沉积于底部后不得对鱼、虾、贝类产生有害的影响；④用水的 pH 值为 6.5～8.5 为宜；⑤水中的溶解氧一天中，16h 以上必须＞5mg/L，其余任何时候不得小于 3mg/L；⑥水中总大肠菌群不超过 5000 个/L。部分指标超过水质标准，可通过补水、换水来调节。

水质可部分通过水色得到反映，一般动物养殖要求田中水色透明度控制在 25～30cm，透明度大于 30cm，达到 40cm 时，水为瘦水，水中没有营养，称为清汤寡水；小于 25cm，达到 20cm 以下为老水，老水有的是水质太肥，有的是水质已坏，不鲜艳透明。因此，透明度小于 25cm 则加水，稀释过浓的水质，让其达到 25～30cm；如果水质已变为黑、灰、白色时要换水。

（二）水位调节

水稻的生长过程中，自插秧后至收获，要经过活棵、分蘖、拔节、抽穗、灌浆及成熟几个阶段，每个阶段对水的需求不同，总体而言，一般要求前期浅水，中后期适当加深水。前期因动物小、水浅对动物的活动和生长影响不大，以后随养殖动物的长大而逐渐加深水位，做到基本符合鱼类的活动要求，而又不影响水稻的生长为宜。因此稻田养殖供水要求可大致分成两个阶段，注意两个环节。

第一个阶段，浅水活秧。水稻插秧后，保持 4～6cm 浅水层有利于为秧苗创造一个比较稳定的温度条件而发根活棵。返青分蘖，此时刚插的秧苗弱，矮小，还没有返青，不能让鱼类进田。

第二个阶段，深水养殖。秧苗返青后：田里的浮游生物数量较多，可适当加高水位至 10cm 或者以上，让鱼类进田取食，割稻时，只割稻穗，留长茬灌深水（深 1.5m 左右），淹青禾肥水养殖。

搁田环节。水稻群体达到有效分蘖数以后，为避免无效分蘖，应注意搁田。早稻搁田时，鱼类规格还小，相对密度不大，且此时水温也不很高，进行一定程度的搁田对鱼类生存不至于有大的影响，搁田时，鱼类在开挖的沟、坑中生长；一季中稻和晚稻田搁田时，水温比较高，鱼类可集中到沟、坑，可短暂降低水位进行搁田；如果温度过高，且鱼类规格较大，相对密度较大，怕引起"浮头"时，可用深水灌溉控制无效分蘖，将田水水位提高到 10～12cm；如发现稻田无效分蘖过多，或茎秆柔弱有可能倒伏，或预测将发生稻瘟病，则需要搁田，搁田时，鱼类栖息在沟、坑中，此时，应减少投饲量并特别注意预防"浮头"。

成熟环节。水稻成熟期最好湿润灌溉，成熟后也需要搁干收获，对于早、中稻来讲，抽穗成熟期水温高，鱼类规格较大、生长处于旺盛期，因此湿润灌溉不利于鱼类生长。此时水浆管理宜以鱼类需求为主，采用深灌保水直到收割，也可尽量缩短搁干时间，在收获前短期搁干到收获；对于宽沟式养殖，可通过内埂，让大田搁干，保证沟内水位；对于连作晚稻或单季晚稻，成熟季节已到 10 月份，此时水温已下降，虾类生长速度减慢，罗氏沼虾可以干田收捕，青虾可以捕大留小，稻田可按水稻需求进行湿润灌溉至成熟收获。

（三）注意事项

稻田养殖在极端天气情况下要注意调整水位，一是暴雨天气，要注意防洪，尤其要注意及时排水，防止水位过高，既影响水稻生长，也会造成鱼、虾外逃，影响种养产量；二是夏季高温天气，要注意加水，通过提高水位或者增加换水次数，使水温维持在鱼类适合的温度，不至于过高而影响鱼类的活动和进食；三是要注意喷药、施肥时，要适当加高水位，稀释农药、肥料对鱼类的毒害。

四、病虫防治

养殖稻田的病害主要有纹枯病、稻瘟病、白叶枯病、稻曲病、叶尖枯病等；虫害主要有二化螟、稻飞虱、纵卷叶螟、三化螟、稻蓟马、稻苞虫、叶蝉等。由于鱼、虾类能捕捉生活在水中的害虫幼虫和落入水中的害虫，能在一定程度上抑制病虫害的发生；此外，稻田要求选择抗病能力强、抗倒伏性能好的品种种植。这些措施的应用可以降低水稻病虫害发生的程度。但是，如果养殖稻田发生了较为严重的病虫害，则必须正确防治，常见的防治方法有生物防治、物理防治和化学防治。

（一）生物防治

生物防治是稻田病虫草害防治的主要方法，如放养天敌及通过生物制剂和生物多样性实现。

（1）放养天敌防治。一方面保护天敌，稻田蜘蛛、盲蝽、隐翅虫、步甲等捕食天敌，可控制和减轻虫害的发展；蜘蛛是水稻二化螟、三化螟、稻苞虫、纵卷叶螟、稻飞虱、叶蝉等害虫最大的天敌；养殖稻田的耕作可在翻耕前先放水泡田，然后再翻耕，翻耕时要待蜘蛛等天敌移到田块杂草或边埂时再翻耕，以利保护天敌。另一方面是放养天敌，如放养青蛙、鸭、瓢虫等。稻田中养殖的水生动物也是稻虫害的天敌。

（2）生物制剂防治。可用 Bt 乳剂（苏云金杆菌）防治水稻纹枯病，苏云金杆菌新菌株制剂对水稻螟虫具有良好的防治效果，同时具有杀虫力强、杀虫谱广、生产性能好等优点。

（3）生物多样性防治。一方面及时消除田间、田埂杂草，减少中间寄主；另一方面可在田埂、田边种植大豆、香根草等植物，吸引控制害虫。

(二)物理防治

对一些害虫可以使用人工物理驱杀,其办法为:①田中加高水位,淹去部分禾苗,将禾秆上的害虫淹出禾秆或夹叶片间,让田中鲤鱼、鲫鱼、罗非鱼等来吃食;②拉绳击虫入水喂鱼虾,禾苗淹去部分后,两人牵一长绳,从稻禾上面抖动式的拉击,使受击幼虫落水喂鱼虾;③竹竿敲击稻禾,使虫落水喂鱼虾,这个办法在绳拉的基础上对未消灭干净的害虫进一步清除。但必须注意水淹法要短暂,不能长期浸泡,要符合水稻生长供水的规律。在褐飞虱发生的高峰期,将稻田的水位提高15cm左右,一方面保护稻茎,另一方面,使稻飞虱更容易被稻田养殖动物(鱼、鳖、虾、蟹)取食。

采用频振杀虫灯对趋光性害虫进行诱杀,一般每公顷种养稻田配有一盏频振杀虫灯;还可以根据害虫发生情况,在一定面积上配置一定数量的黄板,一般每亩可插6~8张。也可采用性引诱剂诱杀,每亩放置3个诱捕器或诱芯,诱捕器高出水稻30cm。

(三)化学防治

养殖稻田发生了较为严重的病虫害时,既要有效地防治和控制,又要确保水生动物在稻田水体中的安全,从而达到治害保渔的目的。通常在水稻育苗期,可用25%杀虫双,亩用量在100~200ml,或用90%杀虫单,亩用量为50~60g,在一代二化螟虫卵孵化高峰期,兑水喷雾。在水稻拔节后期,气温升高,容易发生纹枯病,可用5万IU井冈霉素,亩用量为0.2kg兑水20kg,进行喷雾。8月份为二代二化螟发生期,可在其产卵期适当降低稻田水位,使二代二化螟在水稻上的产卵部位下降。待卵块孵化高峰期时,再把稻田水位加高,用深水将虫卵闷死。孕穗至齐穗期,可用5%井同霉素,亩用量为150mL,加水后进行大水量喷雾1~2次,用于防治纹枯病和稻曲病。

(四)注意事项

(1)正确选用农药及用量。农药种类繁多,各种农药必定都会对鱼虾产生危害，只是危害程度不同而已，因此要严格控制用量。选用农药严禁使用甲氰菊酯、喹恶硫磷、来福灵、菊马乳油和醚类、菊酯类等对鱼类高毒、高残留的农药，可选用扑虱灵、比双灵、杀螟松、杀虫双、乐斯本、灭幼脲、生物 Bt（苏云金杆菌）、稻瘟灵、多菌灵、叶枯灵、三环唑等低毒、高效、低残留的农药。交替使用叶枯灵和叶青双、多菌灵和井冈霉素，综合运用混配和兼治技术，以减轻病虫抗药性。必须特别指出的是虾类对杀灭菊酯（菊酯类物质）非常敏感，必须严格禁用。

（2）正确掌握农药施用方法。稻田的施药方法有喷雨、粗喷雾、细喷雾等。喷雨施药有 70％～80％的农药流入田中，对鱼类危害较大；粗喷雾属高容量喷雾，药液在水稻叶片上黏附少，淋落在田中多；细喷雾属低容量喷雾，雾滴直径在 $250\mu m$ 以下，雾滴在叶片上黏附性好，流入到稻田中的农药少。因此，养殖稻田应采用低容量的细喷雾，简单的方法是采用手动背包或喷雾器，喷片直径 1mm，配制一喷雾器的药液，可防治 1 亩的稻田。

（3）正确掌握农药使用时间。施用农药应在病虫害的有效防治期内进行。具体的施药时间还应考虑温度及稻田的水温，温度高，农药挥发性强，毒性提高，对鱼虾不利，夏秋高温季节，最好选择阴天或晴天傍晚前用药，而夏季往往又是病虫多发季节，因此在病虫害防治时期内，宜在早上 9 时前或下午 4 时以后进行。

（4）正确把握施药期间的管理。稻田水位的高低直接影响落入田水中的农药浓度，水位每提高 1cm，可降低田水药液浓度 5％～7％，因此在施药时应尽量提高水位，如果在水稻生长中后期施药，可将水位提高到 15cm 以上。农药喷雾后，可立即更换稻田水，必要时更换 2～3 次新水，施药后 2～3 天再回放到正常水位。再者，应注意商品鱼虾的农药安全间隔期，不能用药后立即起捕上市，以减少农药的残留量。

第二章 稻田生态养殖泥鳅

第一节 稻田生态养殖泥鳅的优点

稻田养殖泥鳅具有很大的优势，利用稻田养殖泥鳅，既节约水面，又能获得粮食，具有成本低、管理容易等优点，既增产稻谷，又增产泥鳅，是农民致富的措施之一。具体优点如下。

一、适应泥鳅的生存环境

一方面泥鳅是温水性鱼类，而稻田里的表层温度非常适宜泥鳅的生长；另一方面泥鳅喜栖息于底层腐裂土质的淤泥表层，同时它也是杂食性鱼类，喜欢夜间在浅水处觅食，而稻田的水位较浅，底质肥沃，正好满足了它的这个要求。

二、提高经济效益

在不破坏稻田原生态系统及不增加使用水资源的情况下，可以做到一水两用、一地双收的效果，直接提高经济效益。

三、生态效应更为突出

稻田为泥鳅的摄食、栖息等提供了良好的生态环境，泥鳅在稻田中生活，可直接吃掉稻田中的多种生物饵料，包括蚯蚓、水蚯蚓、摇蚊幼虫、枝角类、紫背浮萍、田间杂草以及部分稻田害虫，甚至不投饵料，也能获得较好的经济效益，起到生物防治虫害的部分功能，节省农药，减少了粮食污染。

四、实现了种养结合，提高了农田利用率

稻田养殖泥鳅是利用稻田实现种植与养殖相结合的一种新的养殖模式，可以充分利用稻田的空间、温度、水源及饵料优势，促进稻鳅共生互利、丰稻增鳅，是大大提高稻田综合经济效益的一条好路子。另外泥鳅具有在水底泥中寻找底栖生物的习性，其觅食过程可起到松土作用，从而促进水稻根部微生物活动，使水稻分枝根加速形成，壮根促长。

五、降本增效明显

一方面利用稻田养鳅，不用另开鱼池，节地节水，是保护环境、发展经济的可选方式之一；另一方面水稻能吸取泥鳅的排泄物补充所需肥料，起到追肥作用，有利于生长，可以减少农户对稻田的农药、肥料的投入，降低成本。

六、增加底层水的溶氧

成鳅在稻田浅水中上下游动，能促进水层对流、物质交换，特别是能增加底层水的溶氧。

七、促进生态合理循环

泥鳅新陈代谢所产生的二氧化碳，是水稻进行光合作用不可缺少的营养物，是有效的生态合理循环。

第二节 稻田生态养殖泥鳅的模式

根据生产的需要和各地的经验，稻田养殖泥鳅的模式可以归为三种类型。

一、稻鳅兼作型

也就是我们通常所说的稻鳅同养型，即边种稻边养泥鳅，稻鳅两不误，力争双丰收，水稻田翻耕、晒田后，在鱼溜底部铺上有机肥作基肥，主要用来培养生物饵料供泥鳅摄食，然后整田。泥鳅种苗一般在插完稻秧后放养，单季稻田最好在第一次除草以后放养，双季稻田最好在第二季稻秧插完后放养。

单季稻养泥鳅，顾名思义就是在一季稻田中养泥鳅，单季稻主要是中稻田，也有用早稻田养殖泥鳅的。双季稻养泥鳅，顾名思义就是在同一稻田连种两季水稻，泥鳅也在这两季稻田中连养，不需转养，双季稻就是用早稻和晚稻连种，这样可以有效利用一早一晚的光合作用，促进稻谷成熟。

二、稻鳅轮作型

也就是先种一季水稻后，待水稻收割后晒田4～5天，施好有机肥培肥水质后，再暴晒4～5天后，蓄水到40cm深，然后投放泥鳅种苗，轮养下一茬的泥鳅，待泥鳅养成捕捞后，再开始下一个水稻生产周期。这样做到动植物双方轮流种养殖，其优点是利用本地光照时间长的优点，当早稻收割后，可以加深水位，人为形成一个深浅适宜的"稻田型池塘"，有利于保持稻田养殖泥鳅的生态环境。另外稻子收割后稻草最好还田，稻草本身可以作为泥鳅的饵料，加上它在稻田慢慢腐败后可以培养大量的浮游生物，确保泥鳅有更充足的养料，当然稻草还可以为泥鳅提供隐蔽的场所。

三、稻鳅间作型

这种方式利用较少，就是利用稻田栽秧前的间隙培育泥鳅，然后将泥鳅起捕出售，稻田单独用来栽晚稻或中稻，这种情况主要是用来暂养泥鳅或囤养泥鳅。

第三节 稻田的选择

用于养殖泥鳅的稻田，要求光照充足、水源充足、水质良好、清新无污染，枯水季节也有新水供应，而且要排灌方便，确保天旱不干涸、洪涝不泛滥，田底没有冷浸泉水上涌。土壤以弱碱性、高度熟化的黏土和壤土为好。稻田要求保水保肥性能强，渗漏速度慢，土质柔软、肥沃，有腐殖质丰富的淤泥层，不渗水，干涸后不板结。选作养鳅的稻田面积不宜过大，一般为 1000m² 左右，通常以选择低洼田、塘田、岔沟田为宜。插秧前稻田水深保持 20cm 以上。

第四节 做好田间工程

一、加高加固田埂

在秧苗移栽前将田块四周加高，田埂加高到 50cm，底宽 60cm，并且要夯实。这是一项重要工作，加高加固后能保证稻田达到不渗水、漏水的效果。

二、开挖田沟

稻田养泥鳅时，需要在稻田里挖掘一些田沟，根据生产实践，目前使用比较广泛的田沟有 4 种：沟溜式、田塘式、垄稻沟鱼式和流水沟式。

沟溜式的开挖形式有多种，先在田块四周内外挖一套围沟，其宽 5m、深 1m，位置离田埂 1m 左右，以免田埂塌方堵塞鱼沟。然后在田内开挖多条"田""十""日""弓"或"井"字形水沟，鱼沟宽 30～40cm、深 20～30cm，在鱼沟交叉处挖 1～2 个鱼溜，鱼溜开挖成方形、圆形均可，面积 1～4m²，深 40～50cm。鱼溜形状有长方形、正方形和圆形等，总面积占稻田总面积的 5%～10%。鱼溜的作用是，当水温太高或偏低时，是避暑防寒的场所；在水稻晒田和喷农药、施肥时是泥鳅的栖息场所，同时鱼溜在起捕时便于集中捕捉，也可作为暂养池。

田塘式有两种：一种是将养鱼塘与稻田接壤相通，泥鳅可在塘、田之间自由活动和吃食；另一种就是在稻田内或外部低洼处挖一个鱼塘，鱼塘与稻田相通，如果是在稻田里挖塘时，鱼塘的面积占稻田面积的 10%～15%，深度为 1m。鱼塘与稻田以沟相通，沟宽、深均为 0.5m。

垄稻沟鱼式是把稻田的周围沟挖宽挖深，田中间也隔一定距离挖宽的深沟，所有的宽的深沟都通鱼溜，养的泥鳅可在田中四处活动觅食。插秧后，可把秧苗移栽到沟边。池四周栽上占地面积约 1/4 的水花生作为泥鳅栖息场所。

流水沟式是在田的一侧开挖占总面积 3%～5% 的鱼溜。接连鱼溜顺着田开挖水沟，围绕稻田一周，在鱼溜另一端沟与鱼溜接壤，田中间隔一定距离开挖数条水沟，均与围沟相通，形成一活的循环水体，对田中的稻和鱼的生长都有很大的促进作用。

第五节　做好防逃措施

搞好进排水系统，稻田的进排水口尽可能设在相对应的田埂两端，便于水均匀畅通地流经整块稻田，在进排水口处安装坚固的拦鱼设施，拦鱼设施可用铁丝网、竹条、柳条等材料制成。拦鱼栅应安装成圆弧形，凸面正对水流方向，即进水口弧形凸面面向稻田外部，排水口则相反。拦鱼栅孔大小以不阻水、不逃鱼为度并用密眼铁丝网罩好，以防逃鳅。

稻田四周最好构筑 50cm 左右的防逃设施，可以考虑用水泥板 70cm×40cm 衔接围砌，水泥板与地面呈 90°，下部插入泥土中 20cm

左右，露出田泥 30cm 左右，各水泥板相连处用水泥勾缝。如果是粗养，只需加高加宽田埂注意防逃即可。

简易防逃设施的建造方法，将稻田田埂加宽至 1m，高出水面 0.5m 以上，可用农用塑料膜或塑料布或油毡纸铺垫并插入泥中 20cm 围护田埂，以防漏洞、裂缝、漏水、塌陷而使泥鳅逃走，这种设施造价低，防逃效果好。

第六节 肥料的施用

在稻田里养殖的泥鳅主要捕食水蚤、水丝蚯蚓、摇蚊幼虫等，适度施肥，能使饵料生物生长。稻田养殖泥鳅的施肥，可分为两种情况：一种是在泥鳅放养前施基肥，用来培养天然饵料生物；另一种是在养殖过程中，为了保证浮游生物不断，必须及时、少量、均匀地追施有机肥。因此其施肥采取"以基肥为主、追肥为辅；以有机肥为主，无机肥为辅"的施肥原则。有机肥可作基肥，也可作追肥；化肥则宜用于追肥。

基肥以有机肥为主，于平田前施入沟、溜内，按稻田常用量施入鸡、牛、猪粪等农家肥，追肥以无机肥为主，禾苗返青后至中耕前追施尿素和钾肥 1 次，每平方米田块用量为尿素 3g、钾肥 7g，配施有机肥 30kg，以保持水体呈黄绿色。抽穗开花前追施入畜粪 1 次，每平方米用量为猪粪 1kg、人粪 0.5kg。为避免禾苗疯长和烧苗，人畜粪的有形成分主要施于围沟靠田埂边及溜沟中，并使之与沟底淤泥混合。

第七节　苗种的投放

一、选用良种

品种好坏直接影响产量。因此，应选择生长快、繁殖力强、抗病的泥鳅种苗。鳅鱼最好是来源于泥鳅原种场或从天然水域捕捞的，要求体质健壮、无病无伤。

二、放养时间

不同的养殖方式，放养鳅种的时间也有一定差别，如果是稻鳅轮作养殖方式，则应在早稻收割后，及时施入腐熟的有机肥，然后蓄水，放养鳅种。如果是稻鳅兼作养殖方式，在放养时间上要求做到"早插秧，早放养"，单季稻放养时间宜在初次耕田后，双季稻放养时间宜在晚稻插秧一周左右当秧苗返青成活后。

三、放养密度

在稻田中养泥鳅一般是当年放养，当年收获。因此应放养规格在 3cm 以上的大鳅种，一般每亩稻田放养 3～4cm 规格的鳅种2万～3万尾。如有流水环境或有较高饲养管理水平的，可适当多放养。

四、注意事项

一是鳅种入田前用 3%～5% 的食盐水浸泡 10～15min 消毒体表或用 5mg/L 的福尔马林药浴 5min，以杀灭水霉菌及体表寄生虫，防止鳅苗带病入田。二是养殖泥鳅的稻田不宜同时混养其他鱼类。

第八节　科学投饵

一、饵料种类

稻田人工养殖泥鳅在粗养时，也就是放养量很少的情况下，稻田里的天然饵料已经能满足其正常需求了，此时不需要投喂；如果是放养量比较大时，还是需要人工投喂饵料的，以补充天然饵料的不足。泥鳅为杂食性鱼类，主要饵料有猪血、小杂鱼、小虾、螺、蚌、蚯蚓、蚬肉、蝇蛆、鲜蚕蛹、切碎的禽畜内脏及下脚料，可适当搭配麦芽、玉米粉、米糠、豆饼、豆渣、麸皮、发酵酸化的瓜果皮，同时施以猪粪等有机肥料以培养浮游生物。有条件的地方可投喂配合浮性颗粒饵料。在这些饵料中，以蚯蚓、蚬蛆为最适口饵料。还可以在稻田中安装 30～40W 黑光灯或日光灯引诱昆虫喂泥鳅。

二、投喂方法及数量

在泥鳅进入稻田后，先饥饿 2～3 天再投饵，投喂饵料要坚持"四定"的原则。

定点：开始投喂时，将饵料撒在鱼沟和田面上，以后逐渐缩小范围，将饵料主要定点投放在田内的沟、溜内，每亩田可设投饵点5～6 处，会使泥鳅形成条件反射，集群摄食。

定时：因为泥嫩有昼伏夜出的特点，所以投饵时间最好掌握在17～18 时，投喂时可将饵料加水捏成团投喂。

定量：投喂时一定要根据天气、水温及残饵的多少灵活掌握投饵量，一般为泥鳅总体重的 2%～4%。鳅种放养第一周先不用投饵。一周后，每隔 3～4 天喂一次。如投喂太多，会胀死泥鳅，污染水质；投喂太少，则会影响泥鳅的生长。气温低、气压低时少投；天气晴好、气温高时多投，以第二天早上不留残饵为准。7～8 月是泥鳅生长的旺季，要求日投饵 2 次，投饵率为 10％。10 月下旬以后由于温度下降，泥鳅基本不摄食，应停止投饵。

定质：饵料以动物性蛋白饵料为主，力求新鲜不霉变。小规模养殖时，可以采取培育蚯蚓、豆腐渣育虫、利用稻田光热资源培育枝角类等活饵喂泥鳅。

稻田还可就地收集和培养活饵料，例如可采取沤肥育蛆的方法来解决部分饵料，效果很好，用塑料大盆 2～3 个，盛装人粪、熟猪血等，置于稻田中，会有苍蝇产卵，蝇蛆长大后会爬出落入水中供泥鳅食用。

第九节　田水的管理

稻田水域是水稻和泥鳅共同的生活环境，稻田养泥鳅，水的管理主要依据水稻的生产需要兼顾泥鳅的生活习性适时调节，多采取"前期水田为主，多次晒田，后期干干湿湿灌溉法"。盛夏高温季节，田内适当加灌深水，调节水温，避免泥鳅烫死；水稻分蘖前，用水适当浅些，以促进水稻生根分蘖，坚持每周换水一次，换水 5cm；在换水后 5 天，每亩用生石灰化浆后趁热全田均匀泼洒；8 月下旬开始晒田，晒田时降低水位到田面以下 3～5cm，然后再灌水至正常水位；在水稻拔节孕穗期开始至乳熟期，保持水深 5～8cm，往后灌水与露田交替进行，直到 10 月中旬；露田期间要经常检查进出水口，严防水口堵塞和泥鳅外逃；雨季来到时，要做好平水缺口的管理工作。

第十节　科学防病

（1）要尽量少施农药或不施。稻田养泥鳅，泥鳅能摄食部分田间小型昆虫（包括水稻害虫），故虫害较少，须用药防治的主要稻病为穗颈瘟病和纹枯病（白叶枯病）。防治病虫害时，应选择高效低毒农药如井冈霉素、杀虫双、三环唑等，而且应分批下药。喷药时，喷头向上对准叶面喷施，不要把药液喷到水面，并采取加高水位、降低药物浓度或降低水位，只保留鱼沟、鱼溜有水的办法，防止农药对泥鳅产生不良影响。要注意的是喷雾药剂宜选在稻叶露水干之后使用，喷粉药剂宜在露水干之前使用。另外，也不要使用除草剂。

（2）在泥鳅入田时要严格进行稻田、鳅种消毒，杜绝病原菌入田。

（3）在鳅种搬动、放养过程中，不要用干燥、粗糙的工具，保持鳅体湿润，防止损伤，若发现病鳅，要及时捞出，隔离，防止疾病传播，并请技术人员或有经验的人员诊断、治疗。

（4）对泥鳅的疾病以预防为主，一旦发现病害，立即诊断病因，辨证施治科学用药。

（5）定期防病治病，每半个月一次用生石灰或漂白粉泼洒四周环沟，或定期用漂白粉或生石灰等消毒田间沟，以预防鳅病。①生石灰挂娄，每次 2~3kg，分 3~4 个点挂于沟中；②用漂白粉 0.3~0.4kg，分 2~3 处挂袋。

（6）定期使用呋喃唑酮（痢特灵）或鱼血散等内服药拌饵投喂，以预防肠炎等病。每月用呋喃酮药饵 10~20g，配 50kg 饵料投喂 2~3 天，防治赤皮病。

（7）坚持防重于治的原则，养殖泥鳅的稻田水浅，要常换新水，保持水质清新。

第十一节　其他的日常管理

在水稻田里养殖泥鳅，除了做好施肥、施药、田水管理和投喂饵料外，还要加强其他的日常管理，才能做到鳅稻双丰收，达到高产高效的目的。

（1）放养泥鳅的稻田，要做到专人负责管理，经常整修加固田埂。力争天天能巡田一两次，以便及时发现问题处理问题。

（2）为防止暴雨季节泥鳅逃逸，事前应采取防备措施，如加高田埂和加大排水力度等。降雨量大时，将田内过量的水及时排出，以防泥鳅逃逸。

（3）加强巡查力度，看看鱼溜、鱼沟是否畅通，检查、修复防逃设施，特别是在稻田晒田、施肥、施药前和阴雨天更要注意仔细检查漏洞，并及时堵塞漏洞，清除进排水口拦鱼栅上的杂物。

（4）注意观察泥鳅的活动情况，如果发现泥鳅时常游到水面"换气"或在水面游动，表明要注入新水，停止施肥。

（5）双季晚稻栽种时，最好采用免耕法，以避免机械损伤泥鳅。同时要严防天敌入侵，如水蛇、鸭等家禽下田吞食泥鳅。

（6）注意水源的供应，严禁含有甲胺磷、毒杀酚、呋喃丹、五氯酚钠等剧毒农药的水流入。

第十二节　捕鳅上市

稻田养鳅的成鳅捕捞时间一般在 9 月份开始，以备秋后种植其他旱地作物。

泥鳅潜伏于泥中生活，捕捞难度大，但根据泥鳅在不同季节的生活习性特点，可采取以下方法进行收获。

（1）在田里泥层较深处事先堆放数堆猪、牛粪做堆肥，引诱泥鳅集中于粪堆内进行多次捕捞。

（2）将进出水口打开装上竹篓或用须笼张捕，泥鳅自然会随水进入其中。

（3）稻田中养的泥鳅，在捕捞时还可用晒干的油菜杆，将其浸泡于稻的沟、坑中，待油菜杆透出甜质香味，泥鳅闻而易聚，此时可围埂捕捞。也可用稻草扎成草把放在田中，将猪血放入草把内，第二天清晨用抄网在草把下抄捕。

（4）将田里的水全部排干重晒，晒至田面硬皮为度，然后灌入一层薄水，待泥鳅大量从泥中出来后进行网捕。

（5）捕捉时，先慢慢排干田中的积水，并用流水刺激，在沟、溜处用网具捕获，经过几次操作基本上可以捕完90％以上的成鳅。

第三章　稻田生态养殖黄鳝

利用稻田养殖黄鳝，成本低，管理容易，既增产稻谷，又增产黄鳝，是农民致富的途径。

稻田养殖黄鳝是利用一季中稻田实行种植与养殖相结合的一种新的养殖模式。稻田养殖黄鳝，可以充分利用稻田的空间、温度、水源及饵料优势，促进稻鳝共生互利、丰稻增鳝，大大提高稻田综合经济效益。掌握科学的饲养方法，平均每亩可产商品黄鳝 30～40kg，产值增加 800～1200 元。规格为 15～20 条/kg 的优质黄鳝种苗经饲养 4～6 月，即可长至 100～150g。一方面，稻田为黄鳝的摄食、栖息等提供良好的生态环境，黄鳝在稻田中生活，能充分利用稻田中的多种生物饵料，包括水蚯蚓、枝角类、紫背浮萍以及部分稻田害虫。另一方面，黄鳝的排泄物对水稻的生长起追肥作用，可以减少农户对稻田的农药、肥料的投入，降低成本。

第一节　稻田的选择

选择通风、透光、地势低洼、水源充足、进排水方便、耕作土层浅、底土结实肥沃、土壤保水保肥性能良好的中稻田。确保天旱不干涸、洪涝不泛滥，面积不超过 5 亩为宜。

第二节　做好田间工程

一是在秧苗移栽前将田块四周加高，达到不渗水漏水，使其高出田基 20～30cm；二是在田块四周内外挖一套围沟，其宽 5m，深 1m；三是在田内开挖多条"弓"或"田"字形水沟，宽 50cm，深 30cm，并与四周环沟相通，以利于高温季节黄鳝打洞、栖息，所有沟溜必须相通，水沟占稻田面积的 20% 左右。开沟挖溜在插秧后，可把秧苗移栽到沟溜边。池四周栽上占地面积约 1/4 的水花生作为黄鳝栖息场所。

第三节　做好防逃措施

一是搞好进排水系统，并在进排水口处安装坚固的拦鳝设施，用密眼铁丝网罩好，以防逃鳝。二是稻田四周最好构筑 50cm 左右的防逃设施，可以考虑用 70cm×40cm 水泥板，衔接围砌，水泥板与地面呈 90°角，下部插入泥土中 20cm 左右。如果是粗养，只需加高加宽田埂，注意防逃即可。三是简易防逃设施的建造方法，将稻田田埂加宽至 1m，高出水面 0.5m 以上，并在硬壁及田边底交接处用油毡纸铺垫，上压泥土，与田土连成一片，这种设施造价低，防逃效果好。四是由田埂四周内侧深埋（直到硬土层下 5cm）石棉瓦或硬塑薄膜，出土 40cm，围成向内略倾斜的围墙。

第四节　肥料的施用

稻田养殖黄鳝采取"以基肥为主，追肥为辅；以有机肥为主，无机肥为辅"的施肥原则。基肥以有机肥为主，于平田前施入，按稻田常用量施入农家肥，追肥以无机肥为主，禾苗返青后至中耕前追施尿素和钾肥 1 次，每平方米田块用量为尿素 3g、钾肥 7g。抽穗开花前追施入畜粪 1 次，每平方米用量为猪粪 1kg、人粪 0.5kg。为避免禾苗疯长和烧苗，人畜粪的有形成分主要施于围沟靠田埂边及沟溜中，并使之与沟底淤泥混合。秧苗的移栽适期为 6 月中旬，一般在秧苗移栽后 1 周，田内水质稳定后即可投放鳝种。

第五节 苗种的投放

一、种苗来源

种苗尽可能是自己或委托别人用鳝笼捕捞的，对于每一批投放的鳝苗一定要保证是鳝笼刚刚捕捞的野生苗，包括到市场上收购的，更要保证做到鳝苗无病无伤。电捕和毒捕的坚决不能作为鳝种投放。

二、种苗放养

鳝种的投放时间集中在 4 月中下旬，一次性放足。鳝种的投放要求规格大而整齐、体质健壮、无病无伤。由于野生黄鳝驯养较难，最好选择人工培育的优良鳝种，如深黄大斑鳝等。鳝种的投放要力争在 1 周内完成。稻田放养的黄鳝规格以 5～30cm 为好。放养密度一般为每亩 500 尾，如果饵源充足、水质条件好、养殖技术强，可以增加到 700 尾。鳝种入田前用 3%～5% 食盐水浸泡 10～15min 消毒体表，或用 5mg/L 福尔马林药浴 5min，杀灭水霉菌及体表寄生虫，防止鳝苗带病入田。

由于黄鳝有自相残食的习性，一般每个养殖单位最少要有三块独立的鳝池（稻田），把不同规格的鳝种分开饲养。根据鳝种的规格不同，一般放养量在 $1～2kg/m^2$，小的少放，大的可适当放多些。放养时间可在栽秧前，也可在栽秧后，最好能在栽秧前放入，但栽秧时一定要尽量避免对鳝种造成一些不必要的机械损伤和化肥、农药中毒。

第六节　田水的管理

稻田水域是水稻和黄鳝共同的生活环境，稻田养鳝，水的管理主要依据水稻的生产需要，兼顾黄鳝的生活习性，多采取"前期水田为主，多次晒田，后期干干湿湿灌溉法"。盛夏加足水位到15cm；坚持每周换水一次，换水5cm；在换水后5天，每亩用生石灰化浆后趁热全田均匀泼洒；8月下旬开始晒田，晒田时降低水位到田面以下3～5cm，然后再灌水至正常水位；对水稻拔节孕穗期开始至乳熟期，保持水深5～8cm，往后灌水与露田交替进行，直到10月中旬；露田期间要经常检查进出水口，严防水口堵塞和黄鳝外逃；雨季到来时，要做好平水缺口的管理工作。

第七节　科学投饵

一、饵料种类

黄鳝为肉食性鱼类，主要饵料有小杂鱼、小虾、螺、蚌、蚯蚓、蚬肉、蝇蛆、鲜蚕蛹、切碎的禽畜内脏及下脚料。可适当搭配麦芽、豆饼、豆渣、麸皮、发酵酸化的瓜果皮，还可适当投喂混合饵料。在这些饵料中，以蚯蚓、蝇蛆为最适口饵料。还可以在稻田中装30～40W黑光灯或日光灯引诱昆虫喂黄鳝。

二、投喂方法及数量

在黄鳝进入稻田后，先饿其2～3天再投饵，投喂饵料要坚持"四定"的原则。

（一）定位

饵料主要定点投放在田内的围沟和腰沟内，每亩田可设投饵点

5～6 处，会使黄鳝形成条件反射，集群摄食。

（二）定时

因为黄鳝有昼伏夜出的特点，所以投饵时间掌握在 17～18 时就可以了。对于稻田养殖黄鳝，不一定非得驯食在白天投喂。

（三）定量

投喂时一定要根据天气、水温及残饵的多少灵活掌握投饵量，一般为黄鳝总体重的 2%～4%。如投喂太多，会胀死黄鳝，污染水质；投喂太少，则会影响黄鳝的生长。气温低，气压低时少投；天气晴好，气温高时多投，以第二天早上不留残饵为准。10 月下旬以后由于温度下降，黄鳝基本不摄食，应停止投饵。

（四）定质

以动物性蛋白饲料为主，力求新鲜不霉变。小规模养殖时，可以采取培育蚯蚓、豆腐渣育虫、利用稻田光热资源培育枝角类等活饵的方法喂鳝。

稻田还可就地收集和培养活饵料，例如可采取沤肥育蛆的方法来解决部分饵料，效果很好。用塑料大盆 2～3 个，盛装人粪、熟猪血等，置于稻田中，会有苍蝇产卵，蝇蛆长大后会爬出落入水中供黄鳝食用。

第八节　科学防病

一、对水稻的用药

稻田养鳝，黄鳝能摄食部分田间小型昆虫（包括水稻害虫），故虫害较少，须用药防治的主要稻病为穗颈瘟病和纹枯病（白叶枯病）。防治病虫害时，应选择高效低毒农药如井冈霉素、杀虫双、三环唑等。喷药时，喷头向上对准叶面喷施，并采取加高水位、降低药物浓度，或降低水位，只保留鱼沟、鱼溜有水的办法，防止农药对黄鳝产生不良影响。

二、对鳝病的防治

黄鳝一旦发病，将钻入泥中，不吃不动，给治疗带来一定难度，所以平时的预防更为重要。

（1）在黄鳝入田时要严格进行稻田、鳝种消毒，杜绝病原菌入田。

（2）在鳝种搬动、放养过程中，不要用干燥、粗糙的工具，保持鳝体湿润，防止损伤，若发现病鳝，要及时捞出，隔离，防止疾病传播，并请技术人员或有经验的人员诊断、治疗。

（3）对黄鳝的疾病以预防为主，一旦发现病害，立即诊断病因，科学用药。

（4）定期防病治病，每半月一次用生石灰或漂白粉泼洒四周环形沟，或定期用漂白粉或生石灰等消毒田间沟，以预防鳝病。①生石灰挂篓，每次2～3kg，分3～4个点挂于沟中；②用漂白粉0.3～0.4kg，分2～3处挂袋。

（5）定期使用呋喃唑酮（痢特灵）或鱼血散等内服药拌饵投喂，每50kg鳝鱼用2g拌饵投喂，可有效防治肠炎等疾病。

（6）坚持防重于治的原则，管理好水质也是预防疾病发生的重要手段。鳝池水浅，要常换新水，保持水质清新。每天吃剩的残饵要及时捞走，保持水质肥、活、嫩、爽。

第九节　捕鳝上市

稻田养鳝的成鳝捕获时间一般自10月下旬至11月中旬开始，尤其是在元旦、春节销售的市场最好，价格最高，捕获也都集中在这时进行。黄鳝捕获方法很多，可因地制宜采取相应措施。

（1）捕捉时，先慢慢排干田中的积水，并用流水刺激，在鳝沟处用网具捕获，经过几次操作基本上可以捕完 90％以上的成鳝。

（2）用稻草扎成草把放在田中，将猪血放入草把内，第二天清晨可用抄网在草把下抄捕。

（3）用细密网捕捞。

（4）放干田水人工干捕，当然，干捕时黄鳝极易打洞，这时配合挖捕可基本上捕完黄鳝。挖捕时只需用铁制的小三股叉就可挖出，从稻田一角开始翻土，挖取黄鳝。不管是网捞还是挖取，都尽量不要让鳝体受伤，以免降低商品价值。

第四章 稻田生态养殖河蟹

稻田养殖河蟹，是利用稻田的生态环境，辅以人为的工程措施，既种植水稻，又养殖河蟹，充分利用自然资源，充分挖掘稻田的生产潜力，达到稻蟹双增收的目的。近年来，各地都在水稻田里进行扣蟹的培育和成蟹的养殖，并取得了显著的经济效益、社会效益和生态效益。

第一节 河蟹的饵料来源

河蟹为杂食性动物，荤素均食。河蟹的饵料来源包括植物性饵料、动物性饵料和配合饲料三大类。

一、植物性饵料

植物性饵料是河蟹最重要的饵料资源，可分为附着藻类、谷实类、糟粕类和水生植物、陆生植物。

（一）附着藻类

附着藻类主要附生在稻田的泥土表面，如蓝藻、硅藻、绿藻、大型的丝状绿藻（青泥苔）等。附着藻类常与腐殖质碎屑、泥土等一起被河蟹摄食。

（二）谷实类

谷实类含有较丰富的蛋白质，如大豆干物质中蛋白质含量高达90％，且粗蛋白质含量较高，占干物质的38％～48％。必需氨基酸的含量也较多，是营养较高的饵料。稻谷含蛋白质 8.3%、脂肪 2.2%、粗纤维 10.1%，用其饲养蟹的效果较好。

（三）糟粕类

糟粕类包括糖、麸、渣类、糟类以及各种饼粕。米糠、麦麸的蛋白质含量约为 12%，而且其无氮浸出物含量高（40%～50%）。豆渣是大豆磨制豆浆时滤剩的渣滓，含有大量的可消化蛋白质，营养价值较高。酒糟中有谷糟、麦糟、高粱糟、玉米糟等。酒糟因所用原料不同，其营养成分也不同，一般干物质中含蛋白质较高。

饼粕类是养蟹的通用饲料。豆饼是河蟹喜爱的饲料，其中可消化蛋白质含量极为丰富（可达 40%），含钙 0.49%、含磷 0.78%，是植物性饵料中营养价值较高的一种。菜籽饼是油菜籽榨油后剩下的饼块，其蛋白质含量较豆饼略低，也是河蟹喜食的饵料之一，若直接投喂，一般采用块状饼为好。花生饼的蛋白质含量与豆饼相近。棉籽饼价格低廉，其价格仅为豆饼的一半，但其营养也较完全。

（四）水生植物

水生植物中，浮萍、马来眼子菜、黄丝草、轮叶黑藻、苦草等，以及菱、茭白、芦苇的嫩叶和根系均为河蟹喜食的饵料。值得一提的是，野菱和家菱对河蟹的生长具有较好的作用。河蟹喜欢沿着菱的主茎往返于水底和水表层活动，并且喜食菱的像须状根样的水下叶以及附着在叶上的藻类及周围的周丛生物。沉于水下的菱，河蟹尤为喜食。

（五）陆生植物

在陆生植物中，苏丹草、黑麦草、豆科植物的茎叶和种子，各种菜叶和瓜果叶，如青菜叶、南瓜叶、空心菜、包心菜叶、甘薯叶、油菜叶、萝卜和马铃薯茎叶等，均可作为河蟹的饵料。

陆生植物与水生植物一样，都含有丰富的蛋白质、维生素、钙和磷、胡萝卜素、维生素 B 族以及维生素 E、维生素 C、维生素 K

的含量也很高。

二、动物性饵料

动物性饵料包括底栖动物和蚕蛹、蚯蚓等。动物性饵料营养完全，蛋白质含量高，且必需氨基酸完全，因而营养价值较高，对河蟹生长具有重要意义。

（一）底栖动物

底栖动物包括螺、蚌、蚬、蠕虫、水生昆虫和水蚯蚓等。

螺、蚌类一般是从稻田以外的天然湖泊、池塘、沟渠等水域捞取，经压碎后直接投喂。经测定，螺蛳的含肉率为 $22\%\sim25\%$，蚬的含肉率为 13% 左右，蚌的含肉率还要高一些。

水生昆虫的幼虫如摇蚊幼虫、蜻蜓幼虫、龙虱幼虫等在稻田中比较丰富，它们都是河蟹极好的饵料。

环节动物中的水蚯蚓、管水蚓、草丝蚓、颤蚓等属的种类，一般体长为 $8\sim10\mathrm{mm}$，多在稻田中有机肥料堆积处或丝状藻类丛生的泥土中滚缠成球，极易被河蟹摄食。

（二）蚕蛹、蚯蚓

蚕蛹、蚯蚓都是良好的动物性饵料。鲜蚕蛹含蛋白质 17.1%、脂肪 9.2%，营养价值很高；活鲜蚯蚓含蛋白质 40% 以上，干蚯蚓含蛋白质 70% 左右，具有极高的营养价值。它们都是河蟹喜食的饵料。

三、配合饵料

配合饵料，可根据河蟹在不同生长发育阶段对营养的需要，进行人工合理配制它的营养成分，其饲养河蟹的效果较好。为保证配合饵料的质量，在配制时应遵循如下原则。

（1）应满足河蟹对各类营养物质的需要，特别是对饲料蛋白质的需要。成蟹养殖阶段，其饲料蛋白质需要量为 35% 左右，养殖前期偏高，后期略低一些。

（2）饲料种类需多样化，以求饲料中氨基酸的互补和平衡。可因地制宜地选用当地量多、质好、价廉的各种原料，进行调配。

（3）需要增加一定数量的无机盐添加剂（特别是钙和磷等），以提高饲料的利用率，进一步发挥饲料的营养价值。

（4）河蟹是用螯足夹起饲料，随即送到颚足经进一步撕裂后送入口中的。根据河蟹的这一摄食习性，要求配合饲料具有较强的黏合性。因此，河蟹的配合饲料中需添加黏合剂，以减少摄食过程中饲料的散失。

（5）稻田中的天然饵料相对较少，饵料种类也较少，河蟹往往因其血液中容易缺乏蜕壳素而不能蜕壳，造成生长停滞。因此，配合饲料中必须添加蜕壳素。蜕壳素是一种类固醇激素，又称蜕皮激素。河蟹蜕壳必须在蜕壳素的作用下，才能完成蜕壳过程。也可以说，没有蜕壳素的参与，河蟹就不能完成蜕壳的全部过程，也就不能正常生长。大量的科学试验与生产实践证明，河蟹的配合饲料中添加蜕壳素后，其蜕壳的同步率明显上升，而河蟹同步蜕壳就减少了河蟹在蜕壳时期自相残杀的概率，从而大大地提高了养殖河蟹的成活率。

（6）注重人工配合饵料与新鲜天然饵料的互补。因为天然饵料不仅含有河蟹需要的各类营养物质，而且还有多种生物活性物质，而目前的人工配合饵料往往还缺乏这些成分。因此，在使用人工配合饵料喂养河蟹时，还应定期投喂水草、螺蚬、蚕蛹、小鱼、小虾等天然饵料，以满足河蟹的营养需要，部分或全部代替配合饵料中的维生素和无机盐，以促进河蟹正常蜕壳生长，达到提高饵料利用率和降低饵料成本的目的。

由于河蟹人工养殖的历史较短，在其配合饵料的研究方面还处在探索的阶段。下面介绍几种较为成功的试验配方，供河蟹养殖户参考。

配方一：鱼粉 21％、豆饼粉 16％、菜饼粉 15％、玉米粉 16％、麸皮 18％、甘薯粉 10％、植物油 3％、无机盐添加剂 1％。在饵料总量中添加 0.1％的蜕壳素。该配方含粗蛋白 30％左右。

配方二：蚕蛹粉 20％、大麦粉 20％、菜饼粉 30％、稻草粉 8％，甘薯粉 20％、骨粉 2％。在饵料总量中添加 0.1％的蜕壳素。

该配方含精蛋白 27％左右。

配方三：鱼粉 20％、发酵血粉 15％、豆饼粉 22％、棉籽饼 17％、小麦麸 11％、玉米粉 9.8％、骨粉 3％、复合维生素 0.1％、矿物添加剂 2％、蜕壳素 0.1％。在饵料总量中添加 1.5％的田菁粉作为黏合剂。该配方含粗蛋白 37％。

第二节　稻田培育扣蟹

利用稻田培育扣蟹，投资少、效益高，可为成蟹养殖提供优质廉价的苗种，是发展河蟹养殖的一个好途径。

一、稻田的选择和工程要求

培育扣蟹的稻田，一般应选择水源充足、水质良好、田埂坚实不漏水、不受洪水冲击和淹没的稻田，面积以 5～10 亩为宜。

培育扣蟹稻田的工程设施以回形沟式和田凼式两种养殖工程设施较为理想，因为它们便于饲养管理和捕捞作业。防逃设施是最重要的设施之一，搞好防逃设施建设，是培育扣蟹成败的关键，直接关系到养殖的产量和经济效益。目前，用作防逃设施的材料很多，在选用时必须坚持因地制宜、就地取材。选用的原则是：表面光滑，河蟹难于攀缘；坚固耐用，不怕风吹雨淋，不老化，不变形；没有污染；材料来源方便；造价低廉；建筑工艺简单，维修管理方便。各地常用的有以下几种防逃墙形式。

（一）砖砌防逃墙

选用普通的红砖，沿田埂周围砌墙。为防止河蟹从田埂的水下部分掘洞而逃，砖墙应向田埂土层深处砌 30～40cm，高出田埂面 40～50cm。临近稻田的一面，要用水泥抹平或贴一层玻璃，使表面光滑。墙的上沿，应做成形，以加强防逃性能。这种防逃墙坚固耐用，一劳永逸，安全可靠。缺点是造价偏高。

（二）钙塑板防逃墙

选用抗氧化能力较强的钙塑板，沿稻田四周围设，用木桩或竹桩支撑。通常将钙塑板埋入田埂以下 10～20cm，高出田埂 40～50cm。钙塑板之间的接缝处要紧密。将稻田的四角处要做成椭圆形。这种防逃材料来源广泛，建造工艺简单。缺点是材料易老化，容易被大风暴雨冲倒。因此，要注意经常检查维修。

（三）水泥板防逃墙

水泥板的大小按照设计要求，可以定做，也可以自制。要求每块水泥板的长度为 100～150cm，高度为 60～80cm，厚度为 5cm。沿田埂周围埋设，埋入田埂以下 20～30cm，高出田埂 40～50cm。水泥板之间的接缝处要严密。将稻田四角处做成椭圆形或圆形。这种防逃墙坚固耐用，造价中等，适宜大面积稻田养蟹采用。

（四）玻璃钢防逃墙

选用玻璃钢板作防逃材料，按照设计尺寸制作，沿田埂周围设置。这种防逃材料的防逃性能较好，坚固耐用。但要注意检查维修。

（五）塑料薄膜防逃墙

选用市场上出售的塑料薄膜，用木桩固定支撑，沿田埂周围设置，薄膜埋入田埂以下 10～20cm 泥土中，高出田埂 40～50cm，向稻田内倾斜 30°。将稻田四角处做成半圆形。为了提高防逃效果，通常设置两道。这种防逃墙，造价低廉，但容易损坏、老化，经不起风吹日晒，一般只能使用 1 年，且要经常检查维修。

此外，还有选用石棉瓦、平板玻璃、铝片、铁皮等材料作防逃墙的，防逃效果也较好。

稻田的注排水口，应设在稻田相对两角处，采用管道为好。在水管内端设双层网包好，再设置 40 目的铁栅栏，以防止河蟹逃逸和青蛙、田鼠的危害。

另外，可在稻田中设置一些人工隐蔽物，有助于减轻仔蟹自相残杀，提高成活率。

二、投放蟹苗前的准备

在河蟹苗正式投放到大田前，除了修建稻田的养殖工程设施外，还有一些准备工作，如清田施肥、培植水草、蟹苗暂养等，是必须做好的。

（一）清田施肥

在稻田移栽秧苗前 10～15 天，要进行整田耙地，每亩用 30～40kg 的生石灰消毒，以达到清野除害的目的。过两三天后，每亩再施 130～150kg 腐熟的农家肥，或 10kg 碳酸氢铵。如用碳酸氢铵作基肥，要将其翻压在田泥中。

（二）培植水草

河蟹是否养得好，首先看水草。养蟹稻田在插秧之后，在蟹沟和蟹溜中需培植适量的水草，以利于河蟹的栖息、隐蔽和蜕壳。沟、溜中的水草，可供河蟹蜕壳时攀缘附着，帮助缩短蜕壳的时间。蜕壳后的软壳蟹，可以在水草丛中藏身，使其同类和敌害生物不易发觉，从而降低了被蚕食的可能性，提高了软壳蟹的成活率。河蟹平时在水草上攀爬摄食，蟹体能够接受阳光的照射，有利于钙质的吸收，促进甲壳的生长。在夏季天气炎热、水温过高时，河蟹又可以借助水草隐蔽，以利遮阴纳凉。

水草在沟、溜中可以净化、改善水质，为河蟹生长、生活提供良好的环境。水草能进行光合作用，增加水中溶解氧。水草还可以吸收水体中氨氮和无机营养盐类，减轻、淡化水的肥度，降低了这些物质对河蟹的危害，同时也增加了水体的透明度，稳定了 pH 值，使水体保持中性偏碱，有利于河蟹的蜕壳、生长。

有许多种类水草是河蟹良好的植物性饵料，如苦草、马来眼子菜、轮叶黑藻、金鱼藻、浮萍等。水草多的地方，各种水生昆虫、小鱼虾、螺、蚌、蚬类及其他底栖动物的数量也较多，这些又是河蟹可口的动物性饵料。

另外，水草多的地方，由于水质清新、溶解氧充足、饵料丰富，河蟹一般很少逃逸，因此，蟹沟、蟹溜内种植水草，也是防止河蟹逃逸的有效方法。

（三）栽好水稻

养蟹稻田移栽的水稻，一般宜选择耐肥力强、秸秆坚硬、不易倒伏、抗病力强的高产水稻品种，如汕优 63、南优 6 号、六优 1 号、武育粳 3 号等。

稻田的整耙一般在移栽秧苗前 15 天进行。整田时，每亩用 20～25kg 的生石灰调成浆全田泼洒，以杀灭致病菌和野杂鱼。两三天后，施腐熟的农家肥，每亩施 100～150kg，另加施尿素 30kg、过磷酸钙 40kg。农家肥和磷肥全部作基肥，尿素的 40％作基肥、60％作追肥。

在秧苗移栽前 2～3 天，要对秧苗普施一次高效农药，以防止水稻的病虫害带进大田中。通常采用浅水移栽，宽行密株栽插。适当增加埂内侧和蟹沟、蟹溜旁的栽插密度，发挥边际优势，以提高水稻产量。

待水稻返青见蘖时，要及时追施分蘖肥。投施蟹苗后原则上不许再施肥，如发现有脱肥现象，可追施少量尿素，每亩不得超过 5kg。

（四）蟹苗暂养

蟹苗的暂养一般分两级。一级暂养是从大眼幼体到变态阶段，此期是用 30 目纱网做成网箱暂养；二级暂养是变态后的蟹苗到投放稻田之前的阶段，多在稻田一角的蟹溜中进行暂养。应选择日龄足、淡化程度高、游动快捷的健壮大眼幼体进行一级暂养，网箱保持水深 60～70cm，上留 30～40cm，箱底距池底 10cm，水体可放苗 0.1kg/m³。待 3～5 天蟹苗变态后，即可移入二级暂养池。

二级暂养池设在养蟹稻田一端的蟹溜中，每千克蟹苗需水面 40m²，水深 30～40cm。暂养池四周应设防逃墙。

不同暂养期的饲养方法也有区别，在大眼幼体到变态时期，以投喂鲜活的水蚤、卤虫等为好，不足时可用鱼糜、熟猪血、豆腐代替。饵料的投喂量为蟹苗总重量的 30%～40%，每天分 1～2 次投喂。变态后，投喂的饵料以搅碎的低质鱼虾和熟猪血、豆腐为宜，1 天 2 次。饵料的投喂量为蟹苗总重量的 30%，其中上午 8 时左右投喂 1/3，下午 5 时左右再投喂 2/3。暂养期间要勤换水，1～2 天排一次陈水，要排掉陈水的 1/3 或 2/3，然后补足新水。

待稻田的各项作业结束、农药和化肥的残效期已过后，即可开始向稻田放苗。即将暂养池的防逃墙拆除，然后向暂养池中徐徐加水，使蟹苗随水流进入养蟹稻田。

三、蟹苗的投放

在投放蟹苗前，稻田中应灌足新水，水深 10cm。一般在 6 月份上旬稻田插秧 1 周后放苗，每亩的放养密度应掌握在 8000～12000只。放苗前，一定要注意稻田水体中是否还有药物毒性的存在。检查的方法是，取少量蟹苗放入稻田的某一局部水域中"试水"，若这些苗 1 天后活动是正常的，则表明水体中药物毒性完全消失，即可放苗。最好是在稻田中已长出轮叶黑藻后放苗，以提高蟹苗的成活率。

四、扣蟹的饲养管理

稻田培育扣蟹过程中的饲养管理是一个中心环节，认真做好饲养管理工作，是获得稻蟹双丰收的根本保证。

（一）水质管理

稻田培育扣蟹在用水方面，首先要处理好稻田用水需要与河蟹用水需要的矛盾。水稻的生长发育要求水体中溶解氧充足，水质清爽、嫩活，一般需要经过几次晒田；河蟹的生长发育同样要求稻田水体中溶解氧充足，水质清爽、嫩活，但需要保持相对稳定的水位。为此，养蟹稻田在尽量不晒田的同时，应采取"春季浅，夏季满，秋季定期换"的水质管理办法。春季浅是指在秧苗移栽大田时，水位控制在 20cm 左右，以后随着水温的升高和秧苗的生长，应逐步提高水位至 30cm；夏季满是因为夏季水温高，昼夜温差大，因而将水位加至最高可关水位；秋季定期换水，严格地说是进入夏季高温季节后要经常换水，换水的目的有两个：一是增加溶解氧，二是降低水温。一般每 5～7 天换水 1 次，为了照顾河蟹的傍晚摄食活动，换水一般在上午进行。

（二）投饵

蟹苗下田后 1 个月为促长阶段，饵料要求蛋白质含量在 40％以上，另加 0.1％的蜕壳素、1.5％的田菁粉黏合剂。日投喂量按蟹苗总重量的 20％～25％计算，其中上午 8 时投 1/3、下午 6 时投 2/3。从 8 月初到 9 月中旬为蟹种生长控制阶段，一般每天下午 6 时投饵一次。前 20 天日投精饵料约占蟹种总重量的 7％，青饵料占蟹种总重量的 30％。以后改为日投精饵料约占蟹种总重量的 3％，青饵料占蟹种总重量的 30％。9 月中旬以后为蟹种生长的维持阶段，可全部改投植物性饵料，如生南瓜、熟山芋等，投喂量约占蟹种总重量的 10％。

（三）水稻用药的注意事项

培育扣蟹的稻田一般不施农药，因为为切断病源，已在秧苗田里普施了一次高效农药，加上河蟹对生活在稻田水体中的水稻害虫的幼体有一定杀灭作用，因此养蟹稻田中的水稻病害相对来说要少一些，但是不能排除杀灭得不够彻底或其他稻田传播病害的可能性。如果必须使用农药时，应选用高效低毒的农药，并在严格控制用药量的同时，先将稻田水灌满，只能用喷雾器而不能用手工泼洒药物，而且要求喷雾器的喷雾嘴细小，喷出来的是细雾或迷雾，同时应将药物喷在稻禾叶片的上面，尽量减少药物淋落在稻田水体中。用药后，若发现河蟹有不良反应，应立即采取换水措施。在夏天随着水温的上升，农药的挥发性增大，其毒性也大，因此，在高温天气里不要用药。

（四）日常管理

稻田培育扣蟹的日常管理，主要是巡田检查，每天早、晚各一次。查看的主要内容有：防逃墙和进出水口处有无损坏，如果发现破损，应立即修补；观察河蟹的活动觅食、蜕皮、变态等情况，若发现异常，应及时采取措施；注意稻田内是否有河蟹的敌害生物出现，如老鼠、青蛙、螯虾和蛇类等，如有发现应及时清除。如发现存留残饵，也应及时清除，以防其腐烂变质而影响水质。

在河蟹的生长期内，每半个月施一次生石灰，一般每亩用生石灰 5kg。采取这一措施，其一可以调节水质，保持水质良好；其二可以增加稻田中的钙质，以利于河蟹生长、蜕壳；其三可以杀灭稻田中的敌害生物。

在下雨天，要特别注意及时排水，以防雨水漫埂跑蟹。

五、扣蟹的起捕

稻田培育的扣蟹一般在 9 月中、下旬收割稻谷前进行捕捞。具体捕捞的方法有：一是利用河蟹晚上上岸的习性，人工沿田边捕捉；二是利用河蟹顶水的习性、采用流水法捕捞，即通过向稻田中灌水，边灌边排，在进水口倒装蟹笼，在出水口设置袖网捕捞，效果较好；三是放水捕蟹，即将稻田水放干，使扣蟹集聚到蟹沟、蟹溜中，然后用抄网捕捞，再灌水，再放水，如此反复2～3次即可将绝大多数的扣蟹捕捞出来；四是在田边设置"小太阳"，利用灯光诱捕。采用多种捕捞方法相结合，扣蟹的起捕率可达到95％以上。

六、扣蟹的越冬

加强扣蟹的越冬管理，能提高蟹种成活率，增加河蟹养殖效益。当扣蟹起捕后，应立即称重过数，按规格大小分开，若发现性早熟的蟹种应及时处理，优质扣蟹进行越冬管理。

（一）越冬池越冬

用于越冬扣蟹的越冬池，要求环境安静、背风向阳、保水性能好，池深150～200cm，面积2～4亩。使用前每亩用100kg生石灰清塘消毒。

每亩放养75～100kg扣蟹。放养前，用$2×10^6$的聚维酮碘溶液浸泡5min杀菌。

池水水质要清新，溶解氧含量高。池水深度保持在150cm以上。若发现水位下降，应及时补水，以防止扣蟹被冻伤、冻死。如果发现水质过肥，应及时更换新水，以防止扣蟹窒息而死。

在越冬期间，如果天气晴暖，扣蟹会少量摄食，可投喂少量切碎的小鱼虾、蚌肉等，以补充扣蟹的营养。

在越冬期间，每隔20天每亩用10kg生石灰化浆后全池泼洒，以预防蟹病。

（二）蟹笼、网箱越冬

选择条件较好的河道、湖泊或池塘，将扣蟹装入蟹笼或网箱，沉入水中。天气晴暖时，按上述方法适量喂食。要严防水面结冰，加强管理。至翌年三四月份再放入稻田、池塘或湖泊中进行成蟹养殖。

如扣蟹需要出售，通常用蟹笼或网箱暂养，待价而沽。

七、蟹种性早熟的控制

蟹种性早熟是稻田培育扣蟹中的一大难题，也是直接制约河蟹养殖生产发展的一个重要因素。在生产实践中发现，稻田培育扣蟹，如不采取有效技术措施进行控制的话，所培育的扣蟹中，性早熟蟹种一般占扣蟹总数的 20%，有的超过 30%，有的甚至达到 50% 以上。由于性早熟蟹种不能够继续生长，因此不能作为蟹种用；而个体一般又较小，食用价值不大，作为商品蟹售价很低。由此可见，在稻田培育扣蟹过程中，采用技术措施控制蟹种性早熟现象的出现是十分必要的。

那么，应该采取哪些技术措施呢？首先，我们要了解蟹种性早熟的原因。根据研究分析，在稻田中培育扣蟹造成蟹种性早熟的原因主要有以下几点。

（1）有效积温过高致使鱼类、爬行类、鸟类性早熟，这在理论和实践中均已被证实。同样，将河蟹蟹苗运到珠江流域水体中放流，则它们当年就达性成熟（一般规格为 60g 左右），即可参加降河洄游。而将河蟹蟹苗运到北方辽河流域水体中放流，则它们要到第三年才达性成熟。可见，有效积温高低能影响河蟹的性腺发育。

稻田的环境与河蟹天然生长的江河、湖泊又不同。稻田水浅，在长江流域其夏季水温高达 36～38℃，而江河、湖泊的水温不超过 30℃，由于河蟹生长期水温高，其新陈代谢水平高，摄食量大，生长速度加快，当肝脏贮存养分过多时，便向性腺转化，促使性腺快速发育，从而形成性早熟。

（2）放养蟹苗过早 近年来，河蟹的人工繁殖季节过早，4 月初或

4月底就可获得蟹苗，这些蟹苗必须用塑料大棚保温才能正常生长，否则在自然条件下若遇低温极易死亡，它们的生长期比天然蟹苗要早一个半月到两个月，其当年的有效积温也相对增加，这等于延长了河蟹当年的生长期，如果培育时处理不当，也容易产生性早熟蟹种。

（3）盐度过高目前，稻田培育扣蟹多集中在沿海地区，这些地方盐碱地多，较高的盐度刺激了河蟹的性腺发育，促使蟹种性早熟。比如上海崇明县，其长江北部沿岸的稻田水体的盐度一般为1‰～3‰，比长江南部沿岸稻田（纯淡水）的高，其东部又比西部的盐度高，因此稻田培育扣蟹中，性早熟蟹种的出现率也是长江北部沿岸的稻田比长江南部沿岸的稻田高，东部也比西部的高。

（4）营养过剩河蟹的性腺重量与其肝脏重量是成反比的。在幼蟹阶段，其性腺小、肝脏重，肝脏为卵巢重量的20～30倍。当成蟹阶段进入生殖洄游时，其性腺发育迅速，卵巢逐渐接近肝脏的重量。当进入交配产卵阶段，卵巢的重量已明显超过肝脏。在江河、湖泊中生长的河蟹蟹种，其胃内的食物组成主要以植物性饵料为主，饵料质量差，故生长较慢，肝脏体积小，性腺发育处于停滞状态。而稻田培育的蟹种，投饵数量多、质量好，一些养殖户或养殖单位为使河蟹快速生长，从河蟹的大眼幼体放养之日起就一直投喂蛋白质含量很高的动物性饵料和精饵料，有些养殖户或养殖单位还在河蟹的饵料中添加促生长剂。由于营养过剩，致使蟹种肝脏的体积迅速增大，并加速向性腺转化，以贮存多余的营养物质，于是便出现生长快、个体大的性早熟蟹种。

针对性早熟蟹种形成的原因，可以采取以下技术措施控制蟹种性早熟现象的出现。

（1）适当晚放苗，若放养人工繁殖的蟹苗，其放养时间应尽量接近天然蟹苗，一般以放养至6月中旬以后的大眼幼体为宜，最早不要早于5月份。

（2）加大放养密度为控制河蟹生长过快，蟹苗的放养量可从原来的每亩放养 250～300g 增加到每亩放养 400～500g。使当年的扣蟹规格培育成每千克 120～140 只。

（3）降低稻田水温培育扣蟹的稻田应尽量选在有丰富地下水、冷泉水或深水库的下游，便于打井引水或自流灌溉。在夏、秋高温季节，每天上午 9 时至下午 4 时，不停地向稻田内注水，使之形成微流水，利用流水降低稻田水体的温度。

适当加深稻田的水位，以水深适当控制水温升高，尽量使稻田水体的温度保持在 20～24℃，以延长蟹种的生长期，降低性早熟蟹种的比例，提高稻田培育扣蟹的经济效益。

蟹沟、蟹溜的水深要保持在 70cm 以上，并在沟、溜中种植水生植物如茭白、水蕹菜、菱等，田埂上也应种植瓜、果等经济植物，最大限度地降低稻田水体的温度，以防止有效积温过高。

（4）调整饵料结构在培育扣蟹的整个喂养过程中，蟹种的饵料结构要坚持两头精、中间粗的原则。刚放入大眼幼体，要投喂以枝角类为主的浮游动物和鱼糜等精饵料，便于河蟹消化和保持水质清洁，以防止产生懒蟹。20 天后（三期幼蟹后），投喂的饵料要以水草、浮萍、麦麸、玉米等植物性饵料为主。如发现幼蟹生长太快，则要停止喂食或三四天投喂一次。9 月中旬后，为增强蟹种的体质，以便能顺利越冬，还要投喂 20～30 天的精饵料，品种以小鱼虾、豆饼和人工配合饵料为主。

（5）改善稻田条件盐碱地区的农户如在稻田中培育扣蟹，应经常排出稻田中盐度逐渐升高的陈水，注入新鲜淡水。没有新鲜淡水的地方可以打井。井水特别是深井水既无污染，盐度又极低，很适合养蟹。

第三节　成蟹的稻田养殖

稻田养蟹，稻蟹共生，将名特水产品的养殖与水稻种植有机结合，改变了稻田单一的种植结构，获得了一水两用、一地双收的良好经济效益、生态效益和社会效益，为发展生态农业闯出了一条新路，为广大农村发展闯汇农业、脱贫致富提供了一条有效途径。

一、稻田的选择和工程要求

养殖成蟹的稻田，一般应选择靠近水源、水质清新无污染、排灌方便、保水性能良好的田块，面积以3～4亩为宜。

养殖成蟹稻田的工程设施，以环沟式和垄稻沟蟹式两种养殖工程设施较为理想。这里着重介绍环沟式养殖工程设施的工程要求。

首先在稻田四周离田埂150～200cm处开挖环沟，环沟宽60～80cm、深50cm，其挖出的泥土将周围田埂加宽垫高，一般田梗宽50cm、高60cm。

再根据田块大小，在田中开挖成"十"字形或"井"字形的蟹沟，蟹沟宽60～80cm、深50cm。在田边开挖8～10m² 的蟹溜，蟹溜呈长方形，深100cm，要求沟与溜相通、沟与沟相连。通常沟、溜面积占稻田面积的12％～15％。沟、溜宜在插秧前开挖为好，为防止坍塌，目前不少地区已用水泥板作护坡。插秧后，清除沟、溜内的浮泥。

有些地方在开挖环沟后，田中每隔250cm挖一条畦沟，沟宽50cm、深50cm，并与环沟相通，而不设蟹溜，整个沟的面积占稻田面积的20％～25％。

稻田养殖成蟹的防逃墙可根据当地的具体情况，选用水泥板、钙塑板、石棉板、油毛毡、玻璃钢瓦、砖墙、网片、双层塑料薄膜等建筑材料。具体的建造方法同第六章第二节中"围栏和简易鸭舍的设置"所提及的防逃墙的建造方法。对防逃墙的总体要求是：表面光滑、坚固耐用、防逃性能好。防逃墙要高出田埂 50cm，将稻田的四角处建成椭圆形，板与板的接头处要紧密而无丝毫缝隙，支撑物要坚实牢固。

为避免河蟹掘穴造成沟、溜中淤泥增加，可事先进行人工造就蟹洞。即在蟹沟、蟹溜形成之后，在沟、溜坡离田面 25cm 处，每间隔 40cm 左右，用直径 12～15cm 的扁圆形棍棒，戳成 15°斜角、深 20～30cm 的洞穴，以供河蟹隐蔽和穴居。为了防止河蟹相互格斗致残，沟、溜两对坡间的洞穴以交错设计为宜。

二、投放蟹种前的准备

在蟹种投放到稻田前，除了建造稻田的养殖工程设施外，还要做好一些准备工作，如清田消毒、栽好水稻、培植水草等是必要的。

（一）清田消毒

当大田整修结束后，每亩用 30～35kg 生石灰泡成乳液，全田泼洒，以杀灭敌害生物和病菌，并能补充钙质。如果是盐碱地，则应改用漂白粉消毒，使稻田水体含漂白粉的浓度达到 20×10^{-6}。

（二）栽好水稻

养殖成蟹的稻田，一般宜选择耐肥力强、秸秆坚硬、不易倒伏、抗病力强的高产单季稻品种，如三伏 63、晚粳 93－207 等。最好采用免耕直播法，以减少田内浮泥数量。如插秧，应采用宽行密株栽插，并适当增加沟、溜四周的栽插密度，发挥边际空间优势，以增加水稻产量。

育苗及插秧要尽量提前，最好在 5 月 15 日前栽好秧，以便尽早把蟹种投放到稻田中，增加河蟹的有效生长期。

（三）培植水草

俗话说"蟹大小，看水草"。这充分说明水草在河蟹养殖中的重要作用。水草为河蟹的生长提供了极为有利的生态环境，降低了生产成本，增加了河蟹养殖的产量和效益。

（1）河蟹养殖过程中的大量残饵和排泄物，极易导致水体富营养化，水草能吸收水体中的营养盐，可以降低水中氨氮，能起到净化水质、增加溶解氧、改变水体富营养化的作用。

（2）水草可为河蟹的生长、蜕壳提供极好的隐蔽环境。河蟹蜕壳时，常常攀爬在水草上，这有助于缩短河蟹的蜕壳时间，减少河蟹的体力消耗，减少敌害侵袭，对河蟹的蜕壳起到了保护作用。

（3）在炎热的夏季，水草给河蟹一个凉爽、安定的生活空间，它能遮挡阳光直射，防止水温过高，对河蟹起到了防暑降温的作用。

（4）水草能疏散河蟹密度，防止和减少蟹沟、蟹溜局部因河蟹过于密集而发生相互格斗和相互残杀，避免伤亡，提高成活率。

（5）水草营养丰富，含有蛋白质、脂肪及维生素等河蟹需要的营养物质，为河蟹的生长提供了优质的天然饵料，从而大大地降低了养蟹的生产成本。

（6）水草能提高河蟹的光亮度，改变其体色，提高其品质，使出产的商品蟹质优价好。

适宜河蟹生长发育的水草种类很多，但最佳的品种主要有苦草、水花生、轮叶黑藻、菱、小青萍、慈菇等。这里仅介绍苦草的种植方法，以供参考。

苦草，俗称水韭菜、毛鱼尾子、面条草、扁担草等，是野生沉水植物。苦草的根生于泥中，茎叶全被水淹没，多在开花时挺出水面。苦草通常分布在湖泊、河流之中。

苦草的移植，一般是播种其种子。苦草的播种，通常在水温为18～20℃时进行。先将草籽装在蛇皮袋中，在水中浸泡7天，然后捞起连袋在太阳下晒1天，再放回水中浸泡1天，再捞起来取出草籽用搓衣板将其搓成泥状，按每亩用草籽50g对水稀释后，均匀泼洒于蟹沟、蟹溜水面，此时沟、溜中的水深控制在10cm左右。30天后可见幼草，水面覆盖率能达到 80% 以上。如沟、溜中的水较深，经 40～50 天可见到幼草，水面覆盖率能达到 75% 以上。但值得注意的是，在沟、溜中要适度预留一些空白区域不种草，以便留些空间让河蟹自由活动。

三、蟹种放养

（一）蟹种选择

一是选用自己培育的扣蟹直接放入稻田，二是到外地采购。在采购时，要选购肢体完整、体质健壮、规格整齐、活动力强、无病且体色正常的 1 龄正常蟹种，蟹种的规格以 80～120 只/kg 为宜。

（二）放养时间

若采用直播法播种的水稻田，一般在三叶期以后放养；若采用移栽法定植的水稻田，应在插秧后 7～10 天放养。

（三）放养密度

每亩放养 80～120 只/kg 的 1 龄蟹种 1000～1200 只。

（四）蟹种入田方法

蟹种放养前，要用（50～100）×10^{-6} 的福尔马林或（20～40）×10^{-6} 的高锰酸钾浸泡 10min，以消灭蟹体上的病菌和寄生虫。若是经过长途运输的蟹种，应先在清水中浸泡 3min，提出水体 10min，如此反复几次后进行消毒处理，再行放养。

全国各地的气候条件、水质条件、排灌条件、工程标准和管理水平都或多或少地存在差异，因此在蟹种的放养规格、放养时间及放养密度方面，应结合本地的实际情况，灵活掌握。

四、稻田养蟹的管理技术

（一）水质管理

养殖成蟹稻田的水质管理，要按照春浅、夏满、秋勤的原则进行。春季，稻田水位应保持在 10cm 左右，坚持每周换 1 次水；夏季，为防高温，应将稻田的水位加至最高可关水位（以不影响水稻正常生长为准），坚持每周换 2～3 次水。若发现河蟹多数爬到田边，吐泡沫呼吸空气，尤其是白天都有大批的河蟹攀爬出水面，受惊也不下水，或一下水马上又上岸，表明水体缺氧或水质已败坏，此时应尽快把陈水换掉。平时还要注意控制水位涨落的幅度，以防止懒蟹的形成；秋季，是河蟹处于摄食高峰的时期，为保证水质清新要定期换水。无论春、夏、秋季，换水的时间一般在上午 10 时左右进行，每次的换水量为田间规定水位的 1/3～1/2。具体换水量和换水次数应视田内水质情况灵活掌握。每次的换水时间应控制在 3 小时以内，水温温差应控制在 3～5℃以内，一般先排水后灌水，且要防止急水冲灌进田，影响河蟹的正常活动。蟹沟、蟹溜内的水应定期消毒，每亩用 10～15kg 生石灰化水后均匀泼洒。要特别注意的是，在每次换水前不要忽略了水源的水质观察与监测，如发现异常，应采取相应措施，确保水源的水质质量。

（二）水稻管理

养蟹稻田，一般不要任意改变水位或脱水晒田。如确实需要晒田时，只能将水位降至田面无水，也可采用分次进行轻晒田，以防止水位过低而影响河蟹生长。

稻田施肥应以有机肥为主，在施足基肥的前提下，通常以饼粕作追肥最佳。缓青肥要在 5 月 20 日前施完，分蘖肥在 6 月 10 日前施完。要尽可能减少追肥次数，尤其要减少化肥的追肥次数和数量。确实需要采用化肥作追肥时，宜用尿素，不宜用碳酸氢铵、氨水等易挥发、刺激性强的肥料。施追肥应避开河蟹大量蜕壳期，追肥每次每亩用量控制在 7.5～10kg 以内。

河蟹对农药的毒性比鱼类更敏感，因此，养蟹稻田必须严格控制使用对河蟹毒性强的农药。如确需用药，必须选用毒性低的农药，并准确掌握水稻病虫发生时间和规律，对症下药。用药方法要采用喷施，尽量减少农药散落在田间水体中。施药前，应降低水位，使河蟹进入蟹沟和蟹溜内。施药后应换水，以降低田间水体农药的浓度。用药时，应分批隔日喷施，以减少农药对河蟹的危害。

（三）饵料投喂

稻田养殖成蟹的饵料投喂应遵循"四定"原则。

（1）定质。饵料要求新鲜、适口、蟹喜食、营养价值高。河蟹可食用的饵料种类很多，其中动物性饵料有小杂鱼、小虾、蚕蛹、蚯蚓、蚌肉、鱼粉、血粉等，植物性饵料有水草、浮萍、藻类、瓜类、麸皮等，还可投喂人工配合饵料。动物性饵料一定要新鲜，植物性饵料要求无根、无泥、无黄叶。不投腐烂变质饵料，不投粉状饲料，应投小块状或煮熟的麦粒、黄豆、玉米等。配合饵料必须制成颗粒状，并能保证在水中成形 6 个小时不散。投喂饵料切忌固定一种，应经常更换。

（2）定量。河蟹除杂食性外，还具有耐饥饿性和暴食性的食性特点。如果让其过度饥饿或过度饱食，都不利于河蟹的生长发育。因此，定量投喂饵料对河蟹养殖是十分必要的。

从理论上说，蟹种从天然水域进入人工养殖环境后，一旦条件许可即可大量摄食，整个生长期内一般会出现两个摄食旺盛期，一个是初夏时节河蟹摄食量较大，另一个是在河蟹性腺成熟之前，也称为河蟹的大生长期。在这两个摄食高峰期，除植物性饵料要满足供给外，还要保证动物性饵料的供应量。

当然，饲养河蟹的投喂量还应根据蟹种放养密度，稻田的水质、水温，天气和饵料的质量以及河蟹的摄食情况而灵活掌握。

由于河蟹对饵料要求具有多样性，在饲喂过程中，应注意饵料的多样化、动植物性饵料搭配使用，避免投喂单一饵料，尤其是钙、铁、钾等微量元素在饵料中是不可缺少的。虽然河蟹有耐饥和暴食两方面的特点，还要尽量做到足量投喂和均匀投喂，并注意避免忽多忽少的现象。太多不仅造成饵料浪费，还会影响水质；太少会影响河蟹的生长速度，甚至会增加河蟹之间的互相残杀。

（3）定时。河蟹一般白天在洞穴、草丛等隐蔽处栖息，到黄昏、夜间才出来活动觅食。从大生长期的 8 月份开始，白天也会出来觅食。但在放养密度过大、饲料不足的情况下，即使不是大生长期，白天也会出来觅食。因此投饵时间应定在傍晚 6 时左右。当水温在 10℃ 左右时，每周投喂 2 次；当水温在 20℃ 左右时，每隔 1 天投喂 1 次；当水温在 20℃ 以上时，每天投喂 1 次；在河蟹的大生长期，每天上午 9 时左右和下午 6 时左右各投喂 1 次。

（4）定位。即投喂饵料的地点应大致固定，在沟、溜中设立固定的投饵区，不是今天投在这里，明天投在那里。这样有利于河蟹摄食习惯的形成，知道每天到定点处觅食。定点投喂还有利于养殖者观察河蟹的摄食情况和发病情况。一般定位的方法是设置饵料台。一种是在水位线偏上的田埂坡边，依坡而筑起小平台；一种是在蟹沟、蟹溜中设置一个投饵框，投饵框略低于水面作为饵料台。为了使河蟹养成集中在饵料台摄食的习惯，开始投喂饵料时应投喂腥味较大的河蟹喜食的饵料，如河蚌、螺蛳肉等。

饵料投喂还须坚持"四看"。

（1）看季节。早春 2～3 月份，尽管水温低，但河蟹还是少量摄食，可选择晴天傍晚用少量鲜活饵料（如小杂鱼、小虾）或鱼糜加麦粉制成的颗粒饵料开食。清明节后，水温逐渐上升，可投喂颗粒饵料等精饵料和嫩水草、陆草、菜叶、莴苣等，要保持饵料的适口性、投饲的均匀性。俗话说："7 月、8 月长壳，9 月、10 月长膘"。小满到白露期间，水温较高，河蟹的活动量大，食量也大，这时节可大量投喂植物性饵料，并少量搭配动物性饵料，但这期间如果水温超过 37℃，应停止喂食。白露以后，河蟹逐步趋于性成熟，应加大动物性饵料的数量，以利河蟹体内脂肪的积累和性腺的发育。

（2）看水色。水色是水中浮游生物的种类和数量的不同给人们视觉上的反应。河蟹的养殖水体要求"清、活、嫩、爽"。"清"，指水体中浮游生物的数量不是很多，水质清淡；"活"，指水体不死滞、溶解氧充足，水色能随光照和时间而稍有变化；"嫩"，指水体鲜嫩不老，表明水体中的浮游植物细胞未衰老，反之，会降低水体的鲜嫩度而变成"老水"；"爽"，就是水质清爽，水面无浮膜，混浊度小，透明度在 30cm 以上。当水色"清、活、嫩、爽"时，可适量多投；当水质肥、浮游植物数量多时，应控制投饵数量；当出现"老水、死水"情况时，应停止喂食，并应及时换水。

(3) 看天气。天气晴朗，水温正常，可适当多投饵料；阴天、阴雨天，且气压低、天气闷热，有将要下雨的感觉时，应当少投饵料；天气预报近期有暴雨的天气，可不投饵料；雨后天晴，又可适当多投些饵料。

(4) 看河蟹的吃食及活动情况。每天早晨巡查饵料台或食场（即投饵区），如果发现前一天傍晚投喂的饵料已吃完，河蟹活动正常，可适当增加投喂量；如果发现前一天傍晚投喂的饵料还没有吃完，应适当减少投喂量；如果发现有病蟹或死蟹，除应调整投饵数量外，还应及时采取防治措施。

（四）消毒补钙

在河蟹的饲养过程中，应坚持每月每亩用 $10\sim15$kg 生石灰化成石灰浆后泼洒 1 次，以杀灭稻田水体中的病菌、驱除稻田中河蟹的敌害生物，改善和调节稻田的水质，并能补充稻田水体中河蟹所需要的钙质营养。

（五）日常管理

稻田养殖成蟹的日常管理工作主要包括"六查、六勤"：一查河蟹的生命活动是否正常，勤巡田；二查稻田水体的溶解氧，勤做饵料台的清洁卫生工作；三查稻田内是否有河蟹的敌害生物，勤清除敌害；四查稻田内是否有软壳蟹，勤保护软壳蟹；五查河蟹是否患病，勤防治河蟹的疾病；六查稻田的防逃设施，勤维修保养。

第四节　河蟹的病害防治

一、河蟹疾病的防治措施

河蟹的疾病防治应本着"防重于治、防治结合"的原则，贯彻"全面预防、积极治疗"的方针。目前常用的预防措施和方法有以下几点。

（一）严格抓好苗种购买放养关

可由市水产技术推广站或联合当地有信誉的养殖大户，统一从湖库中组织高质量的河蟹亲本，送到有合作关系且信誉度较高的苗种生产厂家，专门培育优质大眼幼体，指导养殖户购买适宜苗种，严格进行种质鉴定和病情检测，放养的蟹种做到肢体健全、活动能力强、不带病原菌和寄生虫，鼓励养殖户坚持自育自养蟹种培育健康苗种提高蟹种抗病能力。

（二）做好蟹种的消毒工作

生产实践证明，即使是体质健壮的蟹种，或多或少都带有各种病原菌，尤其是从外地运来的蟹种。放养未经消毒处理的蟹种，容易把病原体带进池塘，一旦条件合适，便大量繁殖而引发疾病。因此，在放养前将蟹种浸洗消毒，是切断传播途径、控制或减少疾病蔓延的重要技术措施。药浴的浓度和时间，根据不同的养殖种类、个体大小和水温灵活掌握。

食盐：这是苗种消毒最常用的方法，配制浓度为3%～5%，洗浴10～15min，可以预防烂鳃病、指环虫病等。

漂白粉：浓度为15mg/L，浸洗15min，可预防细菌性疾病。

高聚碘：浓度为50mg/L，洗浴10～15min，可预防寄生虫性疾病。

高锰酸钾：在水温 5～8℃时，浓度为 20g/m³，浸洗 3～5min，用来杀灭河蟹体表上的寄生虫和细菌。

（三）定期对水体进行消毒

河蟹的生活环境，除了底质就是水质，水质的好坏直接影响到它们的生长和发育，从而影响到产量和经济效益，优良的水源条件应是充足、清洁、不带病原生物以及无人为污染、无有毒物质，水的物理、化学指标应适合河蟹生长的需求。如果水质不好，会直接导致河蟹产生各种疾病。

河蟹养殖用水一定要杜绝和防止引用工厂废水，使用符合要求的水源。随着水温的不断升高，河蟹的摄食量大增，生长发育旺盛，而此时也正是病原体生长繁殖的旺盛季节，为了及时杀灭病菌，应定期对池塘水体进行消毒杀菌，每半个月用 1g/m³ 的漂白粉或 15kg/亩的生石灰全池遍洒一次。

用生石灰消毒，具有以下优点。

（1）灭害作用。用适量的生石灰消毒时，能迅速杀死水螅、水鳖虫等水生昆虫和虫卵，青苔、绿藻等一些水生植物，鱼类寄生虫、病原菌及其孢子，从而减少疾病的发生和传染，改善河蟹栖息的生态环境，是其他清塘药物无法取代的。

（2）改良水质。用生石灰消毒时，能生成强碱性物质，因此清塘后水的碱性就会明显增强。这种碱性能通过絮凝作用使水中悬浮状的有机质快速沉淀，对那些过于浑浊的池水能 2 适当起到澄清的作用，非常有利于浮游生物的繁殖，而那些浮游生物又是河蟹的天然饵料之一，因此有利于促进河蟹的生长。

（3）改良土质和肥水效果。用生石灰消毒时，遇水产生氢氧化钙，氢氧化钙继续吸收水生动物呼吸作用放出的二氧化碳生成碳酸钙沉入池底。一方面可以有效地降低水体中二氧化碳的含量；另一方面碳酸钙能起到疏松土层的效果，改善底泥的通气条件，同时能加速细菌分解有机质的作用，并能快速释放出长期被淤泥吸附的氮、磷、钾等营养盐类，从而增加了水的肥度，可让池水变肥，间接起到了施肥的作用，促进了河蟹天然饵料的繁育，当然也就促进了河蟹的生长。

实践证明，在经常施用生石灰的池塘，河蟹生长快，个体长得大，而且发病率也低。

另外，用水系统应使每个养殖池有独立的进水和排水管道，以避免水流把病原体带入。养殖场的设计应考虑建蓄水池，这样，可将养殖用水先引入蓄水池，使其自行净化、曝气、沉淀或进行消毒处理后再灌入养殖池，这样就能有效地防止病原随水源带入。

（四）科学活用各种微生物

1. 光合细菌

目前在水产养殖上普遍应用的有红假单胞菌，将其施放在养殖水体后可迅速消除氨氮、硫化氢和有机酸等有害物质，改善水体，稳定水质，平衡其水体酸碱度。但光合细菌对进入养殖水体的大分子有机物如残饵、排泄物及浮游生物的残体等无法分解利用。水肥时施用光合细菌可促进有机污染物的转化，避免有害物质积累，改善水体环境和培育天然饵料，保证水体溶解氧量；水瘦时应首先施肥再使用光合细菌，这样有利于保持光合细菌在水体中的活力和繁殖优势，降低使用成本。

由于光合细菌的活菌形态微细、密度小，若采用直接泼洒于养殖水体的方法，其活菌不易沉降到池塘底部，无法起到良好的改善底质环境的效果，因此建议全池泼洒光合细菌时，尽量将其与沸石粉一同应用，这样既能使活菌迅速沉降到底部，同时沸石也可起到吸附氨的效果。另外使用光合细菌的适宜水温为 $15\sim40℃$，最适水温为 $28\sim36℃$，因而宜掌握在水温 $20℃$ 以上时使用，切记阴雨天勿用。

2. 芽孢杆菌

施入养殖水体后，能及时降解水体中的有机物如排泄物、残饵、浮游生物残体及有机碎屑等，避免有机废物在池中的累积。同时有效减少池塘内的有机物耗氧，间接增加水体溶解氧，保持良好的水质，从而起到净化水质的作用。

当养殖水体溶解氧高时，其繁殖速度加快，因此在泼洒该菌时，最好开动增氧机，以使其在水体中快速繁殖并迅速形成种群优势，对维持稳定水色，营造良好的底质环境有重要作用。

3. 硝化细菌

硝化细菌在水体中是降解氨和亚硝酸盐的主要细菌之一，从而起到净化水质的作用。硝化细菌使用简单，只需用池塘水溶解泼洒就可以了。

4. EM菌

EM菌中的有益微生物经固氮、光合等一系列分解、合成作用，使水中的有机物质形成各种营养元素，供自身及饵料生物的生长繁殖，同时增加水中的溶解氧，降低氨、硫化氢等有毒物质的含量，提高水质质量。

5. 酵母菌

酵母菌能有效分解溶于池水中的糖类，迅速降低水中生物耗氧量，在池内繁殖出来的酵母菌又可作为鱼虾的饲料蛋白被利用。

6. 放线菌

放线菌对于养殖水体中的氨氮降解及增加溶解氧和稳定 pH 值均有较好效果。放线菌与光合细菌配合使用效果极佳，可以有效地促进有益微生物繁殖，调节水体中微生物的平衡，可以去除水体和水底中的悬浮物质，亦可以有效地改善水底污染物的沉降性能、防止污泥解絮，起到改良水质和底质的作用。

7. 蛭弧菌

泼洒在养殖水体后，可迅速裂解嗜水气单胞菌，减少水体致病微生物数量，能防止或减少鱼、虾、蟹病害的发展和蔓延，同时对于氨氮等有一定的去除作用。也可改善水产动物体内外环境，促进生长，增强免疫力。

（五）维持优质藻相

藻相平衡是指在河蟹养殖池中各种优质藻类品种比较齐全，所占比例合理，在水体中呈良性循环，因此水体中各种有益微生物种群合理，这种水营养丰富、活力强，非常有利于河蟹生活生长，而且在这种藻相里生长的河蟹，自身对疾病的抵抗力非常强。

藻相如何？如何观察？如何控制？这些都是经验活，我们除了能熟练、科学地掌握观察水色、看水养蟹的技能外，还要能迅速地判断出池塘里的藻相是否处于优质状态。这里介绍一种简便实用的方法，就是结合观察增氧机打起的水花颜色来判断。

（1）如果增氧机打起的水花是浅绿色的，水很清爽，说明水体中藻类活力很强，水体状况很好，注意做好底质的预防处理就能维持优质藻相了。

（2）如果增氧机打起的水花较浊，呈土黄绿色，水面有泡沫、悬浮物，说明水体开始老化，应进行追肥、保水，激活藻类的生长，保持良好水色，同时须进行底质的改良、氧化等处理。

（3）如果养殖中后期，增氧机打起的水花是晶莹透亮的，没有一点颜色，说明水体老化程度很大，水体中藻类活力很差，活藻少，死藻多，水体溶解氧很低，很容易引起疾病暴发，这时的处理方法是及时补加新水，施肥培藻，同时进行底质净化。

二、河蟹病害的防治

(一) 黑鳃病的防治

(1) 病原病因。是由细菌引起的。成蟹养殖后期，水质恶化，是诱发该病的主要原因。

(2) 症状特征。初期病蟹部分鳃丝变暗褐色，随着病情的发展，全部变为黑色。病蟹行动迟缓，呼吸困难，出现叹气状。

(3) 流行特点。主要流行季节为夏、秋季。

(4) 危害情况。①主要危害成蟹，常发生于成蟹养殖后期。

②发病率 10%～20%，死亡率较高。

(5) 预防措施。①保持水质清洁，夏季要经常加注新水。

②发病季节每半个月用芳草蟹平、芳草灭菌净水威或芳草灭菌净水液全池泼洒一次。

(6) 治疗方法。外用芳草蟹平全池泼洒，同时内服烂鳃灵散＋三黄粉＋芳草多维，连用 3～5 天。

(二) 烂鳃病的防治

(1) 病原病因。该病由细菌感染引起，水质恶化、底质腐败、长期投喂劣质饵料是诱发该病的主要原因。

(2) 症状特征。发病初期河蟹鳃丝腐烂多黏液，部分呈暗灰色或黑色，病重时鳃丝全部变为黑色。病蟹行动迟缓，鳃已失去呼吸功能，导致死亡。

(3) 流行特点。①主要发生于高温季节。

②水质浑浊、透明度低的恶化池塘容易发病。

(4) 危害情况。轻者影响河蟹的生长，严重则直接导致河蟹死亡。

(5) 预防措施。①放养前，彻底清塘，清除塘底过多的淤泥。

②保持良好的养殖环境，可将生物肥水宝配合养水护水宝全池

泼洒。

③夏季要经常加注新水，保持水质清新；若水源不足，可将降解底净和粒粒氧全池干撒。

（6）治疗方法。①用肠鳃宁杀灭水体中的病原体，每天1次，连用2次。

②将病蟹置于2～3mg/L的恩诺沙星溶液中浸洗2～3次，每次10～20min。

（三）水肿病的防治

（1）病原病因。河蟹腹部受伤被病原菌寄生而引起。

（2）症状特征。病蟹肛门红肿，腹部、腹脐以及背壳下方肿大呈透明状，病蟹匍匐池边，活动迟钝或不动，拒食，最终在池边浅水处死亡。

（3）流行特点。①夏、秋季为其主要流行季节。

②主要流行温度为24～28℃。

（4）危害情况。①主要危害幼、成蟹。

②发病率虽不高，但受感染的蟹死亡率可达60%以上。

（5）预防措施。①在养殖过程中，尤其是在河蟹蜕壳时，应尽量减少对它们的惊扰，以免受伤。

②夏季经常向蟹池添加新水，投放生石灰（每亩每次用10kg），连续3次。

③多投喂鲜活饲料和新鲜植物性饵料。

④在拉网时、天气突变时，可用应激消提高蟹的抗应激能力。

⑤经常添加新水，可将养水护水宝与双效利生素配合使用，以改善水环境。

（6）治疗方法。①用菌必清（头孢拉定）或芳草蟹平全池泼洒，同时内服鱼病康散或芳草菌灵。

②饲料中添加含钙丰富的物质（如麦粉、贝壳粉），增加动物性饲料的比例（可捣碎甲壳动物的新鲜尸体，投入蟹池），一般3～5

天后收到良好效果。

③发病时全池泼洒海因宝或菌氮清，每天 1 次，连用两天。

（四）颤抖病的防治

（1）别名。抖抖病。

（2）病原病因。该病可能由病毒和细菌引起，不洁、较肥、污染较大的水质以及河蟹种质混杂或近亲繁殖，放养密度过大，规格不整齐，河蟹营养摄取不均衡等，易发此病。

（3）症状特征。发病初期，病蟹食欲减弱，摄食减少或基本不摄食，行动缓慢，活动能力差，白天贴泥栖息或打洞穴居，晚上在水边慢慢爬行或挺立草头；病症严重的河蟹在晚上用步足腾空支撑整个身躯趴在岸边或挺立在水草头上直至黎明，甚至白天也不肯下水，口吐泡沫，见了动静反应迟钝；步足无力，大部分河蟹步足爪尖呈红色，极易从底节处脱落，而且步足肌肉较软，弹性强，蟹农称之为"弹簧爪"；检查蟹体，可见蟹体基本洁净，身体枯黄，鳃丝颜色呈棕黄色，少部分伴随黑鳃、烂鳃等病灶，前肠一般有食，死蟹食量较少，大部分死蟹躯壳较硬，唯有前侧齿处呈粘连状、较软，在头胸甲与腹部连接处出现裂痕，无力蜕壳或蜕出部分蟹壳而死亡，少部分河蟹刚蜕壳后，甲壳尚未钙化时就已死亡，一般并发纤毛虫、烂鳃、黑鳃、肠炎、肝坏死及腹水病。

（4）流行特点。①该病流行季节长，通常在 5～10 月上旬，8～10 月是发病高峰季节。

②流行水温为 25～35℃。

③沿长江地区，特别是江苏、浙江等省流行严重。

（5）危害情况。①对河蟹危害极大，发病较快，病蟹死亡率高、对药物敏感性高。

②主要危害 2 龄幼蟹和成蟹，当年养成的蟹一般发病率较低。

③发病蟹体重为 3～120g，100g 以上的蟹发病最高。

④一般发病率可达 30% 以上，死亡率达 80%～100%。

⑤从发病到死亡往往只需 3～4 天。

（6）预防措施。应坚持预防为主、防重于治、防治结合的原则，做到以生态防病为主、药物治疗为辅。

①苗种预防，切断传染源。蟹农在购买苗种时，应选择健壮的蟹种进行养殖，提高蟹种的免疫力，既不要在病害重灾区购买大眼幼体、扣蟹，也不要在作坊式的小型生产厂家购苗；养殖户要尽量购买适合本地养殖的蟹种，最好自培自育一龄扣蟹，放养的蟹种应选择肢体健壮、活动能力强、不带病原体及寄生虫的蟹种；同一水体中最好一次性放足同一规格同一来源的蟹种，杜绝多品种、多规格、多渠道的蟹种混养，以减少相互感染的概率；蟹种入池时要严格消毒，可用 3％～5％的食盐水溶液消毒 5min 或浓度为 15mg/L 的福尔马林溶液浸洗 15min。

②对养蟹的池塘进行技术改造，使进排水实现两套渠道，互不混杂，确保水质清新无污染；每年成蟹捕捞结束后，清除淤泥，并用生石灰彻底清塘消毒，用量为 100kg/亩，化水后趁热全池泼洒，以杀灭野杂鱼、细菌、病毒、寄生虫及其卵茧，并充分暴晒池底，促进池底的有机物矿化分解，改良池塘底质，还可提供钙离子，促进河蟹顺利蜕壳，快速生长。

③池塘需移植较多的水生植物如轮叶黑藻、苦草、菹草、柞草、水花生、水葫芦、紫背浮萍等，并采取措施防止水草老化、腐烂。

④积极推行生态养蟹措施，推广稻田养蟹、茭白养蟹、莲田养蟹、种草养蟹技术，营造适合河蟹生长的生态因子，利用生物间的相互作用预防蟹病；在精养池塘内推行鱼蟹混养、鱼蟹轮养、鱼虾蟹综合养殖技术，合理放养密度，适当降低河蟹产量，以减轻池塘的生物负载力，减少河蟹自身对其生存环境的影响和破坏；适度套养滤食性鱼类如花白鲢和异育银鲫，以清除残饵，净化水质。

⑤在精养池中投放一定量的光合细菌，使其在池塘中充分生长并形成优势种群。光合细菌可以促进分解、矿化有机废物，降低水

体中硫化氢、氨等有害物质的浓度，澄清水质，保持水体清新鲜嫩；光合细菌还能有效地促进有益微生物的生长发育，利用生物间的拮抗作用来抑制病原微生物的生长发育而达到预防蟹病的效果。

⑥饲料生产厂家在生产优质、高效、全价配合饵料时，不但要合理营养配比，而且要科学组方营养元素，并根据河蟹不同生长阶段、各种水体的养殖模式、水域的环境而采取不同的微量元素添加方法，以满足河蟹生长过程中对各种营养亢素和各种微量亢素的需求，确保在饲料上能起到增强体质、提高抗病免疫能力的作用；在投饲时要注意保证饲料新鲜适口，不投腐败变质饲料，并及时清除残饵，减少饲料溶失对水体的污染；合理投喂，正确掌握"四定"和"四看"的投饲技术，充分满足河蟹各生长阶段的营养需求，增强机体免疫力。

（7）治疗方法。①定期用芳草蟹平或菌必清（头孢拉定）全池泼洒消毒。定期内服活性蒜宝（1%）、保肝促长灵（0.5%）、多维（1%）混合拌料投喂，每天1～2次，连喂3～5天。

②外用芳草蟹平全池泼洒，连用三天，同时内服芳草菌威和三黄粉，连用5～7天。病症消失后再用一个疗程，以巩固疗效。

③菌必清（头孢拉定）全池泼洒，隔天再用一次，同时内服芳草菌威和三黄粉，连用5～7天。病症消失后再用一个疗程，以巩固疗效。

④用高聚碘或海因宝杀灭水体中的病原体，每天1次，连用2次。

⑤将生物肥水宝配合养水护水宝全池泼洒；

⑥在饲料中添加三林合剂＋维生素C钠粉＋诱食灵，连用5～7天；病蟹不吃食，可把三林合剂＋维生素C化水全池泼洒。

（五）肠炎病的防治

（1）病原病因。河蟹摄食过多或摄入不新鲜的饲料或感染上致病细菌而引起。

（2）症状特征。病蟹刚开始时食欲旺盛，肠道特粗，隔几天后病蟹摄食减少或拒食，肠道发炎、发红且无粪便，有时肝、肾、鳃亦会发生病变，有时则表现为胃溃疡且口吐黄水。打开腹盖，轻压肛门，有时有黄色黏液流出。

（3）流行特点。①所有的河蟹均可感染。

②在所有的养殖区域都有发病可能。

（4）危害情况。①影响河蟹的摄食，从而影响河蟹的生长。

②导致河蟹死亡。

（5）预防措施。①投喂新鲜饵料，可将百菌消或病菌消等拌饵投喂，以提高蟹的抗病能力，减少发病率。

②要根据河蟹的习性来投喂，饵料要多样性、新鲜且易于消化，投饵要科学，要全池均匀投喂。

③将水体消毒净或海因宝或肠鳃宁全池泼洒，以杀灭病原菌，改善养殖环境。

④在饲料中经常添加复合维生素（维生素C＋维生素E＋维生素K）、免疫多糖、葡萄糖等，增强河蟹的抗病能力。

⑤定期用生物制剂改良底质和水质，合理、灵活地开启增氧机，保持池水"肥、活、爽"。

（6）治疗方法。①在饵料中拌服肠炎消或恩诺沙星，3～5天为一个疗程。

②在饵料中定期拌服适量大蒜素或复方恩诺沙星粉或中药菌毒杀星，5～7天为一个疗程。

③池塘底质、水质恶化时全池泼洒池底改良活化素 20kg/（亩·米水深）＋复合芽孢杆菌 250mL/（亩·米水深）。

④内服虾蟹宝 0.5%、鱼虾 5 号 0.1%、营养素 0.8%、维生素C脂 0.2%、肝胆双保素 0.2%、盐酸环丙沙星 0.05%、诱食剂 0.2%，连用 3～5 天。

⑤外用泼洒二溴海因 0.2mg/L 或聚维酮碘 250mL/（亩·米水深）。

第五章　稻田生态养殖蛙鳖

第一节　鳖的稻田养殖

在稻田里养鳖是一种具有良好的经济效益、生态效益和社会效益的生态型种养方式，是一条生态循环的新路子。

鳖捕食田间害虫可大量减少农药的使用量，其粪便又是水稻的良好肥料，减少化学肥料的使用量，生产的水稻达到无公害绿色标准。这是一种低碳和资源节约型生产方式，能够有效提升土地的产出效率和经济效益。利用稻田养殖鳖，不仅能提高农田的利用率，能充分利用自然资源，使农民增产增收；而且鳖可为稻田疏松土壤和捕捉害虫，能有效减轻农业污染对环境的压力，因此在稻田里养鳖是一种非常高效的稻田生态种养模式，值得推广。

一、稻田养鳖获益的关键

要想通过稻田生态养殖鳖来获得更好的经济效益，必须重点抓好以下几点。

1. 选择正确的品种，这是获利的前提

目前市场上鳖的地理品系有好几种，如何选择合适的品种是需要认真调查研究的，要选择适合本地养殖的鳖类。例如，泰国鳖就不适于在长江以北地区的稻田里养殖，在这里最好选择江南花鳖等品系。

2. 选择好优质的苗种是获益的条件

作为稻田养殖用的鳖，最好选择外形无伤痕、爪子齐全、反应灵敏的幼体，对于那些有伤及钓捕的鳖则不宜用作苗种养殖。

3. 选择合适的养殖方式是获益的基础

养殖户可根据不同的养殖目的采取不同的养殖方式，通常养殖鳖的方式有温棚养殖、季节性暂养、鳖和鱼混养、立体养殖、鳖和其他动植物综合养殖等。目前，全国水产技术总站重点推广的就是稻鳖综合种养技术，也就是我们所说的利用稻田养殖鳖。这种养殖方式目前是生态、环保、持续收益的好方式。

4. 掌握科学的饲养技术是获益的关键

利用稻田养殖鳖，关键是要掌握好一些科学的饲养技术。这些科学的养殖技术包括适宜的饲养密度，适口的饲料，营造并改善稻田生态环境，提高鳖亲本的产卵量、受精率、孵化率，提高稚鳖培育的成活率，提供适宜的水温条件，培育适宜的活饵料，加强对疾病的综合预防等。

5. 经营"三好鳖"是获益的手段

要想得到更好的市场效益，让市场接受标准化生态养殖出来的鳖，必须打好"三好鳖"这张牌，也就是要算好账、养好鳖、卖上好价钱。

(1) 算好账。在利用稻田养鳖前，一定要多看看别人的成功与失败，多了解当前的市场行情，多打打自己心中的小九九，把算盘管精，把账算好。在调研中我们发现，也有一些农民朋友利用稻田养殖鳖，不但没赚到钱，还亏本了。亏损的一个重要原因就是红眼病，一看到别人用稻田养鳖赚钱了，就认为这个好养，弄点鳖苗、鳖种，把稻田挖个环沟，弄点饵料，就可以等着数钱了，然后就迫不及待地跟风上马，根本就没有，甚至就不会去核算养殖后的市场和成本的变化对自己的养殖是否有利，自己养殖出来的产品定位在哪儿，自己产品的盈利点有多大，这些问题根本就没想好。这些跟风养殖者，永远只能做别人的跟屁虫。别人已经把钱赚进腰包了，而等他们的产品上市时，却发现并没有自己预想得那么美好，最后只能看着别人赚钱而自己草草收场。

因此在进行稻田养鳖前，我们一定要先算账，算好账。这些账包括市场行情如何，生产资料的市场变化如何，利用稻田养殖出来的鳖应该比大棚或温室养的鳖口感更好、价格更高，问题是有哪些人知道你的稻田鳖和稻鳖米是绿色食品？市场价格趋势怎样？你的心理预期价格是多少？如何控制养殖成本？只有在确定能赚钱、能盈利的前提下才能上马养殖。

（2）养好鳖。一旦决定养殖了，就要全力以赴地把稻田鳖养大、养好、养成品牌，只有质量好的鳖，如绿色生态的稻田鳖，才能吸引及留住客人，尤其是回头客。要知道这些回头客的口碑对于你生态养殖出来的稻田鳖销售是非常重要的。因此，我们一定要按照国家关于食品质量卫生要求和无公害食品养殖方法去操作和生产，尽量少用药，走稻田综合种养和生态养殖的路子，以高质量、精品鳖打响牌子，确保上市的鳖不但口味好，而且安全也有保证。这样的鳖会没有好价格？会没有好市场吗？

（3）卖上好价钱。这是养殖户最期望的事。虽然古语"酒香不怕巷子深"，好的稻田鳖产品不怕没有销路，但是由于养殖出来的鳖量大，最好不要积压，要及时销售出去，以便尽快地收回资金、盘活资产。所以我们要认真地研究市场、开发市场、引导市场，让市场能及时地认知我们鳖的品牌。因此，好的稻田鳖生产出来后，要想卖个好价钱，不但要鳖质量好、品牌响，也要适时地做一些广告宣传，使我们的好鳖能广而告之、扬名市场，便能卖上预期的好价钱了。

二、鳖苗的供应

(一) 鳖苗种的选择

要养好鳖，首先就要选好鳖的苗种。从许多养殖专业户和编者的实践经验来看，选购鳖苗种应考虑如下几点：一是从技术上来鉴别鳖苗种的好坏；二是从养殖模式上来选择鳖苗种；三是从养殖适应性上来选择鳖的适宜地理品系；四是从来源上寻找一个可靠的供种单位，从而选购到高产优质的鳖苗种。当然，其他的一些因素也不能忽略。

1. 选购品种的确定

鳖的地理品系繁多，近年来我国不断地引进了一些国外新品种，目前我国有近 10 个不同的地理品系供养殖。由于这些鳖许多品种体貌特征非常相似，但生活习性、生长速度、繁殖量、产肉率、品味质量及综合价值极不相同，养殖的经济效益相差悬殊。因此，对同种异名、异种同名、体貌相近的鳖，要正确区分，以防假冒伪劣。有一点要注意的是，一定要选择优质高产、生命力强、适合当地饲养的品种，千万不能因水土不服而造成损失。

2. 鳖苗种的来源

鳖苗种的来源主要有两个方面，即从专业户批量购买的小鳖苗和从市场购买的大鳖苗和商品鳖。首先应分级暂养，按大小分别寄养于稻田的一角或分成小块的稻田里，待 10～15 天，适应新环境后，放入大的稻田里。另外，市场上买来的受伤的小鳖苗和商品鳖，要单独饲养到伤愈后再投放。

3. 选择合法、证照齐全的单位

要到有资质的正规良种单位去引种，不要通过来路不明的中间贩子引种。一个合法的供种单位应该证照齐全，否则就不具备经营资格，我们建议在购种时一定要对这些证照进行验证。只有合法的供种单位，才能确保引进的鳖品种纯正。引种时最好到供种厂家的池子中直接捞取选购，不要引进种质不明、来路不清的品种，更不要引进假良种。

4. 选择有繁育场地的单位

选择能提供高产优质鳖苗种和技术支持的单位。这些单位都有较好的固定生产实验繁殖基地，而且形成了一定的规模，都有较多的品种和较大的数量群体。千万不要到没有繁育能力的养殖场所引种。引种前最好亲自到引种单位去考察摸底，引种时最好到供种厂家的池子中直接捞取选购，以免购进不好的鳖苗种。

5. 选择技术有保证的单位

选择有完善的售后服务的供种单位。这些售后服务包括购种中的不正常死亡、放养后的伤害和死亡、繁殖时雌雄搭配不当，都要能及时调换。同时还可以提供市场信息，进行相关的技术指导，只有这样的单位才是可以信赖的。

6. 苗种要健康

无论是哪里的品种，引进时一定要确保苗种的健康。在引种前进行抽检并做病原检疫。不能将病原带进自己的养殖场，对于那些处于发病状态的苗种，即使性能再优良，也不要引进。

7. 循序渐进地引种

如果不是本地苗种，而是从外地引进的新的地理品系，甚至是从国外引进的新品种，在初次引进时数量要少些，在引进后做一些隔离驯养和养殖观察，只有经过验证后发现确实有养殖优势的，再大量引进。如果发现引进的品种不适应当地的养殖环境，或者说引进的品种根本没有养殖优势，就不要再盲目引进了。

8. 尽量选择本地品种

在鳖养殖服务过程中，我们发现养殖优势最明显的还是适应本地环境的本地品种。这是因为这些品种都是在本地域生态环境中长期适应进化的最优品种，它们对本地环境、温度及天然饵料的适应性都要比其他外来的品种有优势。另外，它们对本地养殖过程中发生的病害的抵抗能力、后代的繁殖和本身形态体色的稳定性都具有任何外来品种无法比拟的优势。最明显的一个例子就是引进的泰国鳖，在泰国当地可以自然越冬，而在我国只能在温室中养殖，不能在野外进行自然越冬养殖（华南地区除外）。再如，日本鳖虽然在生长速度上要比我国特产中华鳖的本地土著品种有明显的优势，但是它对水生环境的适应性比较特殊，目前仍然是影响我国许多地区日本鳖成活率的一个致命因素。

9. 选购鳖的最佳时间

选购鳖的时间是有讲究的，一般不宜在秋末、初冬或初春。因为这个时候的鳖处于将要冬眠和冬眠的初醒状态，它的体质和进食情况不易掌握，成活率低。根据许多鳖养殖专家的经验，选购鳖的时间宜在每年的5～9月，此时有部分稚鳖刚出壳，冬眠的鳖也已苏醒，所有的鳖正处于生长阶段，活动比较正常，而且活动量大，能主动进食，对温度、气候都非常适应。购买时可以很好地观察到鳖的健康状况，便于挑选，容易区分患病鳖。如果这时能买到合适的鳖，是非常容易饲养的，而且对温度、气候、环境的适应能力都很强。

（二）选购健康的鳖

1. 看鳖的反应

应选择反应灵敏、两眼有神、眼球上无白点和分泌物、四肢有劲、用手拉扯时不易拉出的鳖，这些情形都是优质鳖的表现。

2. 看鳖的活动

鳖活动时头后部及四肢能伸缩自如，可用一硬筷子刺激鳖的头部，让它咬住，再一手拉筷子，以拉长它的颈部。另一手在颈部细摸，确保颈部腹面无针状异物；当把它的腹甲翻过来朝上放置时，它会很快翻转过来；在它爬行时，身体全被四肢支撑起行走，而不是身体拖着地爬，凡身体拖着地爬行的不宜选购。

3. 看鳖的进食与饮水

如果鳖能主动进食，会争食饵料，而且它们的粪便呈长条圆柱形、团状、深绿色，说明是优质鳖苗种。在选购鳖苗种时，可将鳖放入水中，若长时间漂浮在水面或身体倾斜，而不能自由地沉入水底，这样的鳖是有病的，不宜选购；另外还可将鳖放入浅水中，水位是鳖的背甲高度的一半，观察鳖是否饮水，若大量、长时间饮水，则为不健康的鳖。

4. 掂体重

用手掂量鳖的体重时，健康鳖放在手中是沉甸甸的较重的感觉，若感觉鳖体重较轻，则不宜选购。

5. 查看鳖的舌部

用硬物将鳖的嘴扒开，仔细查看它的舌部。健康的鳖，舌表面为粉红色且湿润，舌苔的表面有薄薄的白苔或薄黄苔；不健康的鳖，舌表面为白色、赤红、青色，舌苔厚，呈深黄、乳白或黑色。

6. 看鳖的鼻部

健康的鳖，鼻部干燥、无龟裂，口腔四周清洁、无黏液；不健康的鳖，鼻部有鼻液流出、四周潮湿，而患病严重的鳖，鼻孔会出血。

7. 看鳖的其他部位

主要是查看鳖的外表、体表是否有破损，四肢的鳞片是否有掉落，爪是否缺少，腋、胯窝处是否有寄生虫，肌肉是否饱满，皮下是否有气肿、浮肿。凡外形完整、无伤无病、肌肉肥厚、腹甲光泽、背胛肋骨模糊、裙厚且上翘、四腿粗且有劲、动作敏捷的为优等鳖；

反之，为劣等鳖。

8. 看鳖的力量

抓住鳖，然后用力向外拉它的四肢，健康的鳖不易拉出、收缩有力。再用手抓住鳖的后腿胯窝处，如活动迅速、四脚乱蹬、凶猛有力的为优等鳖；如活动不灵活、四脚微动甚至不动的为劣等鳖。

三、稻田养鳖

稻田养鳖是一种动植物在同一生态环境下互生互利的养殖新技术，是一项稻田空间再利用措施，不占用其他土地资源，可节约鳖饲养成本，降低田间害虫危害及减少水稻用肥量，不但不影响水稻产量，还可以大大提高单位面积经济效益，有效地促进水稻丰收，鳖增产、高产高效，增加农民收入。它充分利用了稻田中的空间资源、光热资源、天然饵料资源，是种植业和养殖业有机结合的典范。

（一）选择田块

适宜的田块是稻田养殖鳖高产高效的基本条件。要选择地势较洼、注排水方便、面积 5～10 亩的连片田块，放苗种前开挖好沟、溜，建好防逃设施。田间开几条水沟，供鳖栖息。夏、秋季节，由于鳖的摄食量增大，残饵、排泄物过多，加上鳖的活动量大，沟、溜极易被堵塞，使沟、溜内的水位降低，影响鳖的生长发育。为此，在夏、秋季节应每 1～2 天疏通一次，确保沟宽 40cm、深 30cm，溜深 60～80cm，沟面积占稻田总面积的 20% 左右，并做到沟沟相通、沟溜相通。进出水口用铁丝网拦住。靠田中间建一个长 5m、宽 1m 的产卵台，可用土堆成，田边做成 45°斜坡，台中间放上沙土，以利雌鳖产卵。土质以壤土、黏土，不易漏水地段为宜。

（二）水源要保证

水源是鳖养殖的物质基础。要选择水源充足，水质良好、无污染，排灌方便，不易遭受洪涝侵害且旱季有水可供的地方进行稻田养鳖。一般选在沿湖、沿河两岸的低洼地、滩涂地或沿库下游的宜渔稻田。要求进排水有独立的渠道，与其他养殖区的水源要分开。

（三）建好防逃设施

在稻田四周用厚实塑料膜围成高为50～80cm的防逃墙。有条件的可用砖石筑矮墙，也可用石棉瓦等围成，原则上，只要鳖不能逃逸即可。

（四）选好水稻品种

好品种是水稻丰收的保证。选择生长期较长、株形紧凑、茎秆粗壮、分蘖力中等、抗倒伏、抗病虫、耐湿性强、适性较强的水稻品种。常用的品种有油优系列、武育粳系列、协优系列等。消毒后的种子要先用清水清洗，再用10℃的清水浸种5天，每天换1次水，以便促进谷芽的快速萌发。育种通常采用水稻大棚育苗技术，待秧苗长到一定时间后，通常在每年4月底—5月，可采用机插或人工移栽方式种植。

在养鳖的稻田里，水稻的种植密度与养殖的鳖的规格有密切关系。如果是养殖商品鳖的稻田，每亩插6000～8000丛，每丛1～2株，也就是说每亩可栽培6000～16 000株；如果是养殖稚鳖的稻田，每亩插4000～5000丛，每丛1～2株，也就是说每亩可栽培4000～10 000株；如果是养殖亲鳖的稻田，每亩插3000～5000丛，每丛1～2株，也就是说每亩可栽培3000～10 000株。

由于鳖的活动能力非常强，而且它自身的体重也比一般的蛙、虾要重得多，因此，养鳖稻田秧苗的栽插时间与行距也有一定的讲究。养鳖稻田秧苗的栽插时间和其他稻田一样，品种应选择抗病力强、产量高的杂交稻或粳稻品种。栽插时，株距18cm，小行距20cm，大行距以方便鳖在秧苗行距中爬行活动为标准。当水稻秧苗活棵后，田间水位应正常保持在10cm左右，高温季节应加深至12cm。

（五）鳖的放养

1. 选好鳖苗种

根据当地的条件来选择合适自己养殖的鳖品种，当然了，苗种应选用经国家审定的新品种、优质良种。在我国大部分的水稻地区，建议放养中华鳖，不同地方还可以放养当地的地理品系；对于那些热带地区，可以选择放养泰国鳖。

2. 放养时间

亲鳖的放养时间为每年的3～5月，早于水稻插秧，应先限制鳖在沟坑中；幼鳖的放养时间为每年的5～6月，在插秧20天之后进行；稚鳖的放养时间为每年的7～9月，直接放养在稻田里。适宜投放的具体时间内选择气温在25 ℃、水温在22 ℃的晴天投放。同时，每亩可混养1kg的抱卵青虾或2万尾幼虾苗，也可混养20尾规格为5～8尾/kg的异育银鲫。要求选择健壮无病的鳖入田，避免患病鳖入田引发感染，因面积大，防治较困难。鳖的苗种入池时，应用3%～5%的食盐水浸洗消毒，减少外来病原菌的侵袭。在秧苗成活前，宜将鳖苗种放在鱼沟、鱼溜中暂养，待秧苗返青后，再放入稻田中饲养。

3. 放养规格和密度

根据稻田的生态环境，确定合理的放养密度。根据稻田养殖的生产实践表明，150g以上（一冬龄）的幼鳖每亩放养200～500只；50～150g的鳖每亩放养1300～2000只；4g以上的稚鳖每亩放养5000只以上；对于3龄以上的亲鳖，每亩的放养量为50～200只，少了效益差，多了技术难以跟上。由于太小的鳖苗对环境的适应能力不足，对自身的保护能力也不足，因此，建议个体太小的幼鳖最好不作为稻田养殖对象，可在温室里养殖一个冬季，到第二年4月再投放到稻田里。

投放前应做好稻田循环沟、投喂场、幼鳖消毒等工作，幼鳖要求无伤无病、体质健壮，且大小基本一致，以防因饲料短缺而互相残杀。

4. 放养技巧

鳖的放养要做好以下几点工作：一是要保证鳖苗种质量，即放养的小鳖要求体质健壮、无病无伤、无寄生虫附着，最好达到一定规格，确保能按时长到上市规格；二是做到适时放养，根据鳖的生活特性，鳖苗种一般在晚秋或早春，水温达到 10~12 ℃时放养；三是合理放养密度，根据稻田的生态环境，确定合理的放养密度；四是放养前要注意消毒，可用 5% 的食盐水溶液消毒 10min 后再放入稻田里。

（六）科学投饵

科学投饵是稻田生态养鳖的技术措施。稻田中有很多昆虫及水生小动物可供鳖摄食，其他的有机质和腐殖质也非常丰富。稻田中的天然饵料非常丰富，一般少量投饵便可满足鳖的摄食需要。投饵讲究"五定、四看"投饵技术，即定时、定点、定质、定量、定人，看天气、看水质变化、看鳖摄食及活动情况、看生长态势。投饵量采取"试差法"来确定，一般日投饵量控制在鳖体重的 2% 即可。可在稻田内预先投放一些田螺、泥鳅、虾等，这些动物可不断繁殖后代供鳖自由摄食，能节省更多饵料。还可在稻田内放养一些红萍、绿萍等小型水草供鳖食用。

（七）日常管理

1. 安全度夏

夏、秋季节，由于稻田水体较浅、水温过高，加上鳖排泄物剧增，水质易污染并导致缺氧，稍有疏忽就会出现鳖的大批死亡，给稻田养鳖造成损失。因此，安全度夏是稻田养鳖的关键所在，也是保证鳖回捕率的前提。比较实用、有效的度夏技术有以下几点。

（1）搭好"凉棚"。夏、秋季节，为防止水温过高影响鳖正常生长，田边可种植陆生经济作物，用以遮挡阳光，如豆角、丝瓜等。

（2）沟中遍栽苦草、蕰草、水花生等水草。

（3）田面多投水浮莲、紫背浮萍等水生植物，既可作为鳖的饵料，又可起到遮阳避暑的作用。

（4）勤换水，定期泼洒生石灰，用量为每亩5～10kg。

（5）雨季来临时做好平水、缺口的护理工作，做到旱不干、涝不淹。

（6）烤田时要采取"轻烤、慢搁"的原则，缓慢降水，做到既不影响鳖的生长，又要促进稻谷的有效分蘖。

（7）在双季连作稻田间套养鳖时，头季稻收割适逢盛夏，收割后对水沟要遮阴，可就地取材把鲜稻草扎把后扒盖在沟边，以免烈日引起水温过高（超出42℃）而烫死鳖。

（8）保持稻田水位。稻田水位的深浅直接关系到鳖生长速度的快慢。如水位过浅，易引起水温发生突变，导致鳖大批死亡。因此，稻田养鳖的水位要比一般稻田高出10cm以上，并且每2～3天灌注新水1次，以保证水质的新鲜、爽活。

2. 科学治虫

科学治虫是减少病害传播、降低鳖非正常死亡的技术手段。由于鳖喜食田间昆虫、飞蛾等，因此，田间害虫甚少，只有稻秆上部叶面害虫有时会对鳖养殖造成危害。在防治水稻害虫时，应选用高效、低毒、低残留、对养殖对象没有伤害的农药，如杀虫脒、杀螟松、亚铵硫磷、敌百虫（美曲膦酯）、杀虫双、井冈霉素、多菌灵、稻瘟净等高效低毒农药。在用药时应注意以下几点：

（1）选取晴天使用。粉剂在早晨露水未干时使用，尽量使粉撒在稻叶表面而少落于水中；水剂在傍晚使用，要求尽量将农药喷洒在水稻叶面，以打湿稻叶为度。这样既可提高防治病虫效果，又能减轻药物对鳖的危害。

（2）用药时水位降至田面以下，施药后立即进水，24小时后将水彻底换去。

（3）用药时最好分田块分期、分片施用，即一块田分两天施药。第一天施半块田，把鳖捞起并暂养在另一半田块后施药，两三天后，将鳖捞入施过药的半块田中，三四天后再施另半块田，减少农药对鳖的影响。

（4）晴天中午、高温、闷热或连续阴天勿施药；雨天勿施，药物易流失，造成药物损失。

（5）如有条件，可采用饵诱鳖上岸进入安全地带，也可先为鳖饲喂解毒药预防，再施药。

（6）若因稻田病害严重蔓延，必须选用高毒农药，或因水稻需要根部治虫时，应降低田中水位，将鳖赶入沟、溜，并不断冲水对流，保持沟、溜水中充足的溶氧。

（7）若因鳖个体大、数量多，沟、溜无法容纳时，可采取转移措施，主要做法是：将部分鳖转移到其他水体或用网箱暂养，待水稻病虫得到控制，并停止用药2天后，重新注入新水，再将鳖搬回原稻田饲养。

3. 科学施肥

科学施肥是提高稻谷产量的有效措施。养殖鳖的稻田施肥应遵循"基肥为主、追肥为辅，有机肥为主、化肥为辅"的原则。由于鳖活动有耘田除草作用，加上鳖自身的排泄物，另有萍类肥田，所以稻田养鳖的水稻施肥可以比常规的稻田少施50%左右。一般每亩施有机肥300～500kg，匀耕细耙后方可栽插禾苗；如用化肥，一般用量为每亩碳铵15～20kg、尿素10～20kg、过磷酸钙20～30kg。

4. 水位控制

水位可保持在田间板面水深3～10cm，原则上不干、沟内有水即可。

5. 防病

在稻田中养殖鳖,由于密度低,一般病害较少。为了预防疾病,可每半月在饲料中拌入中草药防治肠胃炎,如铁苋菜、马齿苋、地锦草等。

6. 越冬

每年秋收后,可起捕出售,也可转入池内或室内饲养,让鳖越冬。

(八)稻田养鳖的成本与利润

不少农民朋友知道稻田养鳖的好处,也知道有利可图,但是把握不了投资额,在这里,笔者根据安徽省的稻田养鳖情况给大家做个成本概算。本书是按 5 亩为一个单元计算,只计算养殖鳖的成本,并没有计算水稻栽种的成本,仅供参考。

1. 稻田建设成本概算

(1) 防盗、防逃设施成本费用。主要采用铝塑网片、彩钢瓦片、石棉瓦、加厚塑料膜、砖砌等不同材料建设防逃设施。不同的材料价格肯定是不一样的,这里就采用我们经常用的一种防逃设施。一般较经济型的用铝塑网片,防盗网为 2m 高,而防逃网为 1m 高就可以了,上口向内弯成 90°,每个单元约需 250m,单价为 4 元,成本大致为 $250m \times 4$ 元$/m = 1000$ 元。

(2) 开挖田间沟的土方。$300m^2 \times 0.50m$(深)$= 150m^3$,$150m^3 \times 15$ 元$/m^3 = 2250$ 元。

(3) 饵料台、进排水管、田间道路等其他设施约 1000 元。共计一次性投资成本(含人工费)约 5000 元,分摊到每亩建设成本约 1000 元。

2. 投放成本与养殖成本

(1) 苗种。平均重量 500g 左右的鳖,均价 40 元/kg,100 只/亩

（技术成熟可投放 200～300 只）计 2000 元/亩。

（2）饵料及防治成本。根据天气、水温情况确定投放时间，养殖周期为每年 6～10 月中旬，160 天左右。如果投喂颗粒饵料，那么平均每只鳖投喂饵料约 0.65kg，饵料价格为 16 元/kg；如果投喂田螺、其他杂鱼、冰鲜鱼及肉类饵料，那么平均每只鳖投喂饵料约 0.85kg，饵料平均价格为 8 元/kg；如果投喂部分颗粒饵料，再辅以部分冰鲜鱼或田螺等饵料，那么饵料的平均价格为 11 元/kg 左右。经过一个季节的生长，每只鳖平均增重 0.3～0.35kg，均重约 0.825kg，饵料成本每亩约 1000 元，分摊到每只鳖均 10 元。

（3）水电、药品等费用每亩约 100 元。

3. 总成本

根据上述成本核算，一亩稻田养殖鳖的总成本合计：基建（稻田建设）1000 元＋苗种 2000 元＋饲料 1000 元＋水电药品 100 元＝4100 元/亩；再加上其他一些不可预见性费用 200 元，利用稻田养殖鳖的总成本为 4300 元/亩。

4. 收入

根据测算，稻田养殖的鳖每只平均规格可达 0.825kg，成活率平均为 90%～95%（以 92%计算），每亩平均产鳖 76kg，销售价格 90 元/kg。总收入为 76kg×90 元/kg＝6840 元。

5. 利润

根据测算，稻田养殖鳖的平均利润估计为 6840 元－4300 元＝2540 元。基本上能做到当年收回投入，并且每亩利润达 2500 元左右。

四、稻田养鳖的模式与典型案例

这是国家水产技术总站在进行稻田综合种养培训时的典型案例资料，是采用湖北省的鳖虾鱼稻共作技术模式与典型案例进行分析的。

（一）模式概述

在原有稻田养鳖技术基础上，通过选用不需晒田、抗倒伏、抗病虫害、产量高的优质水稻品种和主养中华鳖，配养小龙虾及放养滤食性鱼类改善水质，达到鳖虾鱼稻共生互利，立体循环、生物防控、节能环保，实现稻田"三高"（高产、高质、高效）和"一水两用，一地双收"。

（二）模式简介

1. 稻田条件

稻田要求环境安静、交通便利、地势平坦、通风向阳；水源充足、水质优良、附近无污染源，旱不干、雨不涝、排灌自如；田埂结实坚固、不渗漏水；底质为壤土，田底淤而不深。

2. 稻田改造与准备

（1）开挖环沟。苗种放养前，对稻田进行改造与建设，主要包括开挖环沟，加高、加宽田埂，完善进排水系统等。

（2）建立防逃墙。在四周田埂上人工安置石棉瓦防逃墙。

（3）设置晒台、饵料台。晒背是鳖的特性，因此，稻田内必须设置晒台。晒台和饵料台合二为一。

（4）消毒。环沟挖成后，在苗种投放前用生石灰带水消毒1次。

（5）环沟布置。在环沟内移栽轮叶黑藻、水花生等水生植物。清明前后，向环沟内投放活螺蛳，可净化稻田水质，并为鳖、虾提供天然饵料。

3. 水稻栽插

选择抗病虫害、抗倒伏、耐肥性强、可深灌的紧穗型水稻品种。

4. 苗种投放

选用纯正的中华鳖，该品种生长快、抗病力强、品质佳、经济价值较高。小龙虾投放时间：亲虾上一年的 8～10 月，幼虾当年的 3～4 月。苗种放养时都需进行消毒处理。

5. 饵料来源和投喂

稻田中养殖鳖的饵料主要来源于两个方面：一是稻田中投放的活螺蛳、捕剩的小龙虾及放养的小型鱼类等天然饵料；二是人工投喂的饵料。鳖为偏肉食性的杂食性动物，人工投喂时，要以动物性饵料为主。

6. 日常管理

包括水位控制与水质调控、水稻管理与晒田及坚持巡田等日常管理措施。

7. 鳖虾捕捞

每年 3～4 月放养的幼虾，经过 2 个月的饲养，部分小龙虾能够达到商品规格。将达到商品规格的小龙虾捕捞上市出售，未达到规格的继续留在稻田内养殖。小龙虾捕捞的方法是用虾笼和地笼网捕捉。鳖种下池后禁捕小龙虾，未捕尽的小龙虾留作鳖的饵料。待 11 月中旬以后，采用地笼和抽干田水法将鳖捕捞上市。

第二节　蛙的稻田养殖

稻田养蛙是利用稻田进行蛙类养殖的一种方式，它是一种半精养的方式，可有效防止水稻病害，减少农药的使用量。其技术参数主要包括以下几点。

（1）选择合适的稻田，可选择僻静、水源方便的田块。

（2）做好稻田的田间工程，在稻田中开挖宽 2m、深 1m 的田头沟，再在稻田内开挖宽窄相间的若干条田间小沟，宽沟的沟深为 60cm，窄沟为 30cm，要求沟沟相通。

（3）做好防逃设施，在稻田四周用石棉瓦建好防逃设施。

（4）合理放养密度，每亩放养规格大小一致的幼蛙 2000～2500只，还可搭配少量的青虾混养。

（5）饵料投喂，在稻田中进行经济蛙类养殖时，主要投喂蚯蚓、蝇蛆等动物性活饵料；另外，为丰富食物来源，可在田埂上挂灯诱虫。

（6）做好晒田和稻田施药、施肥工作。

一、蛙的引种

（一）引种的意义

引种就是引进良种。所谓的良种，就是在一定地区和养殖条件下，在当地经 2 年以上正规养殖，养殖效果表现明显优于其他品种，同时也符合生产发展要求，具有较高经济价值的蛙类品种。蛙的良种一般都具有高产性、稳产性、优质性、抗逆性强和广适性几个明显的优点。

选择一个好的良种，对于蛙类养殖户来说，具有非常重要的意义。

（1）良种能有效地提高养殖场的单位面积产量：使用生产潜力高的良种，可以增产 15%～20%。例如，经过选育的美国青蛙要比没经过选育的牛蛙增产 20% 以上，这就是良种的优势。

（2）能有效地改进蛙的品质：品质好的蛙，不但产肉率高、生长快，而且口感好，市场认可度高，对于提高经济效益是非常有帮助的。

（3）良种一般都是经过多次筛选的好品种：它们对常发的病虫害和不良环境都具有较强的抵抗能力或耐性，可以保持单位面积产量稳定和商品蛙的品质稳定。

（4）良种具有较强的适应性：它能适应稻田、池塘、河沟、沼泽地、湖泊、水泥池、网箱、庭院等各种养殖水域，另外在蔬菜地里、果园下面、棉花地里等陆地上也能进行套养、混养。这对发展蛙类养殖业，提高蛙类的产量，拓展蛙类的养殖方式，提高养殖场的经济和社会效益，增加农民收益才是有意义的。

（5）良种对健壮苗种有很大的促进作用：俗话说"虎父无弱子"，良种是壮苗的基础，壮苗是良种的一种外在、具体的表现形式。没有良种就不可能有壮苗，没有壮苗，也就无法提高单位面积产量和养殖效益。

（二）蛙引种的阶段

经济蛙类的引种是分阶段的，不同阶段引进的苗种质量是有一定差别的，具体表现在养殖过程中的成活率，因此我们必须要了解蛙类引种的不同阶段及它们的特点和注意事项。

1. 种蛙

种蛙也就是我们通常所说的亲蛙，就是说蛙在引进回来后就可以直接产卵，或者经过简单的强化培育后，种蛙就可以抱对、交配、产卵了。引种时主要以引进种蛙的方式是比较好的。这是因为种蛙的个体比较大，健壮无伤有活力，而且种蛙的繁殖率高，只要管理得当，提高受精卵的孵化率，一只蛙就可以孵化出两万尾左右的幼蛙。因此引进种蛙是目前引种最常用的方式，当然每只亲蛙的价格也是最高的。

2. 受精卵

受精卵也可以引进来进行养殖，但是这种引种的方式现在已经不多见了。主要原因有两个：一是运输不易；二是经过运输后的受精卵孵化率很低，而且死卵和畸形卵的比例较高。从理论上说将受精卵引回来是可以的，但在生产实践上用得不多。如果一定要引进受精卵时，要注意查看，要求卵的外表是很光滑的，每尾亲蛙产的卵都是通过黏液相互粘连在一起的，形成一个整体，如果发现受精卵破损严重或者分离严重，那就不要引进了。

3. 蝌蚪

蝌蚪是蛙类苗种引进的另一个主要方式。由于蝌蚪体小纤弱，喜欢游泳、爱集群及顶风逆流，食饵范围较狭窄，取食能力低，对环境改变的适应和抵御敌害的能力差，这一时期是蛙类整个生长阶段的最薄弱环节，往往会在这一时期出现大量死亡的现象，因此在引种时一定要注意。

为了有效地提高蝌蚪引进后的成活率，我们建议先将刚孵出的蝌蚪培养 20 天左右再引种，经过培育的蝌蚪已经具有了一定的生活、活动及防御敌害的能力，引种后的成活率将会大大提高。

要注意的是，正处于变态期的蝌料是不能运输的，因此，当大部分蝌蚪处于变态时期，就不要再引种了。

4. 幼蛙

蝌蚪经过变态后变成幼蛙。由于幼蛙的个体较大、成活率较高，引种后的倍增系数也是最大的，因此，有许多养殖户在第 1 年喜欢购买幼蛙回来进行养殖，这种思路是对的。如果技术到位，幼蛙个体也较大，而且温度能得到保证，可以达到当年就能上市的效果。

如果养殖场全部引进幼蛙，那么养殖成本会上升很多，这种投资一定要在养殖前考虑好。

二、蝌蚪在稻田里的饲养

（一）蝌蚪的捕捞与运输

蝌蚪在引入前是需要运输的，即使是本场培育的蝌蚪，也需要通过捕捉和运输转移到不同的稻田里。

捕捞蝌蚪时，如果是大面积捕捞可用鱼苗网，少量捕捞就用窗纱。蝌蚪运输可用尼龙袋充氧运输，尼龙袋的规格一般为 90cm 长，50cm 宽。装运时先装 1/3 水，然后装进蝌料，并立即充加氧气，扎紧袋口，外面再用同样的尼龙袋套一层，同样也要扎紧，最后将尼龙袋装进纸盒中，以防袋子受损破裂。装运的密度为每千克水可装载 3～5cm 长的蝌蚪 100 尾。1cm 左右的蝌蚪，运输成活率较低，另外，正处于变态期间的蝌蚪，因为生活习性的改变，不宜装运。

（二）蝌蚪的放养

蝌料的放养可分两种情况，一种情况是 5 月繁育的，另一种情况是在 6 月 15 日以后繁育的。

第一批繁育的蝌蚪应进行强化培育，力争在越冬前全部变态成幼蛙，而且幼蛙的体重能达到 75～100g。因此要以稀放为宜，主要是在稻田里的田间沟里饲养，每平方米可放养蝌蚪 800～1000 尾。10 天后，随着个体长大及摄食能力增强，密度应逐步降低，一般每平方米放养 300～400 尾。30 天后至变态前，每平方米放养 100～200 尾。

第二批繁育的蝌蚪经过正常培育，80％左右也能在当年越冬前变态成为幼蛙。但是它们在变态后，由于气温降低，几乎很少摄食，导致个体偏小、体质虚弱，越冬死亡率很高。因此在生产上通常是采用密度控制法来控制蝌蚪的生长与变态，不让它们在当年变态成幼蛙，而是让它们仍以蝌蚪的形式越冬，第二年春末夏初再变态为幼蛙。因此，密度就需要大，也是主要在稻田的田间沟里放养，每平方米可放养蝌蚪 2000～2500 尾，到第二年清明前后进行 1 次分养，每平方米放养 200～300 尾。

蝌蚪放养时要注意以下几点：一是蝌蚪放养前用 3％～4％的食盐水溶液浸浴 15～20min，或 5～7mg/L 的硫酸铜、硫酸亚铁合剂（5：2）浸浴 5～10min；二是稻田的温度与运输容器的温度差不要超过 3 ℃；三是蝌蚪质量要求规格整齐，无伤、无疾病，体质健壮，能逆水游动，离水后跳动有力；四是放养蝌蚪时的动作要轻，不要碰伤蝌蚪；五是在放养时，要将容器轻轻地斜放入稻田的浅水区，此时稻田的田面上要保持 10cm 左右的水位，然后让蝌蚪自行游入稻田和田间沟中。

（三）蝌蚪的投喂

孵化后的前 6 天，蝌蚪主要靠体内卵黄囊提供营养，6 天后随着卵黄囊消失，开始摄食浮游生物和人工饵料。因此在蝌蚪培育前先施肥，培育浮游生物，来解决蝌蚪开口饵料，能提高蝌蚪成活率。每亩施粪肥 300kg 或绿肥 400kg。有机肥须经发酵腐熟并由 1％～2％生石灰消毒，培育前期，保持水深约 50cm。

蝌蚪的开口饵料可以用蛋黄，其他阶段可以投喂人工饵料，主要有田螺肉、鱼肉、动物内脏、水蚤、豆饼、米糠等。孵化出膜 3 天后，首天每万尾蝌蚪投喂一个熟蛋黄，第二天再稍增加些，7 日龄后日投喂量为每万尾蝌蚪 100g 黄豆浆；15 日龄后，逐步投喂豆渣、麸皮、鱼粉、鱼糜、配合饵料等，日投喂量每万尾蝌蚪为 400～700g，其中，动物性饵料占 70％；30 日龄后至变态前，日投喂量每万尾蝌蚪为 600～800g，其中，动物性饵料占 45％。粉状饵料要煮熟后搓成团投喂，鱼肉、鱼肠等要切碎。投饵次数一般为每天 1～2 次，投饵时间为 9～10 时和 16～17 时，每次投喂后以 3 小时内吃完为宜。蝌蚪投喂也要在培育池中搭设饵料台，一般每 4000 尾蝌蚪搭一个饵料台。将饵料放在饵料台上，既减少饵料的散失，又能及时检查蝌蚪的吃食情况。

在投饵时还要注意：饵料必须新鲜、清洁、多样化，投饵应根据外界环境条件、蝌蚪生育期及健康状况而相应改变，有雷阵雨时要少投或不投饵；早晨蝌蚪浮头特别严重，甚至出现个别蝌蚪死亡现象时，要控制投饵。

（四）蝌蚪的管理工作

1. 保持适宜的水温

蝌蚪要求的适宜水温是 26～30 ℃，变态适宜水温为 23～32 ℃。盛暑高温要搭设凉棚，适当加深水位，勤换新水。

2. 经常换注新水

培育过程中每 3～5 天换水 1 次，每次 10～15cm。换水时水温差不能超过 3 ℃。每天要定时清洗食台。

3. 提高变态率

蝌蚪经 80～110 天培育变成幼蛙，变态前这一阶段死亡率较高，因此要加强管理。在蝌蚪变态早期适量增加动物性饵料，促进变态，而当尾部吸收消失时，需及时减少投饵，并渐渐停止投喂，保持环境安静，努力提高变态期蝌蚪成活率。

4. 及时杀灭敌害

肉食性鱼类、蜻蜓幼虫、水蛇、龙虱幼虫等均会吞食幼蛙和蝌蚪，一旦发现，要及时杀灭。

5. 其他管理工作

定期巡池，做好记录，经常保持田水清洁卫生，做好蝌蚪的病虫害防治工作，认真做好蝌蚪饵料的养殖与加工工作，及时处理蝌蚪严重浮头现象，及时做好分田疏密养殖工作，保持适宜的放养密度，做好蝌蚪越冬管理工作。

三、幼蛙在稻田里的饲养

蝌蚪经过变态后就变成了幼蛙。养好幼蛙能为商品蛙提供良好的苗种，因此必须重视幼蛙的饲养。

（一）幼蛙的放养

幼蛙由于个体小，喜欢集群生活，因此放养密度宜高不宜低。在稻田里放养时，每平方米（按田间沟的面积计算）可放养变态后 30 日龄以内的幼蛙 200 只左右，放养变态后 30 日龄以上的幼蛙 100～150 只。

幼蛙放养时要注意以下几点：一是要用 3%～4% 的食盐水溶液

浸浴 15～20min，或 5～7mg/L 的硫酸铜、硫酸亚铁合剂（5：2）浸浴 5～10min；二是稻田的温度与分养前的池子里的温度差不要超过 3 ℃；三是幼蛙的质量要求规格整齐、体质健壮、体表无伤痕、无疾病、无畸形、身体富有光泽，用手捏它时，挣扎有力，放在地上后跳动有力；四是放养幼蛙时的动作要轻，不要碰伤幼蛙；五是在放养时，要将容器轻轻地斜放入稻田的田面上，让幼蛙自行跳入田间沟中。

（二）幼蛙的饵料

幼蛙饵料有直接饵料和间接饵料两大类。直接饵料就是直接给蛙吞食的各种活体饵料，主要有摇蚊幼虫、黄粉虫、蝇蛆、蚯蚓、水蚯蚓、蜗牛、飞蛾、小鱼、小虾等；间接饵料就是各种死饵料，主要有蚕蛹、猪肺、猪肝、鸡鸭内脏、碎肉、死鱼块等，它们通常被做成颗粒饵料供幼蛙摄食。人工配合的颗粒饵料也是死饵料，也是间接饵料的一种。

（三）死饵的驯食

幼蛙自变态之后，在自然界就是以各种活饵料为食，不吃死饵。小规模养殖经济蛙类时，只要条件适合，基本上是能满足幼蛙的活饵需求的，也能省下一大笔饵料钱。但是进行人工大规模稻田养殖时，自己培育或捕捉的活虫等天然饵料无法解决所有蛙的饵料问题，这时就需人工解决这个问题。解决的最有效方法就是让蛙吃人工配合饵料等死饵，但是幼蛙自己是不会主动吃这些死饵的，怎么办呢？这就涉及死饵的驯食问题。只要驯食成功了，幼蛙的饲养密度就可以增加，单位体积的养殖效益也能大大增加；更重要的是，从刚变态的幼蛙就开始驯食，以后成蛙的养殖、亲蛙的养殖就都很方便了。因此，在蛙类的养殖过程中，从幼蛙就要开始驯食，这是一个非常关键的技术措施。

幼蛙的驯食首先需要一个固定的场所，这个场所就是蛙的饵料台，可以利用当地的资源，自己制作。至于幼蛙的驯食技巧，主要有拌虫、活鱼、抛投食物、滴水和震动等多种驯食方式，这一内容在后面将有详细叙述，在此不再赘述。

（四）幼蛙的投喂

幼蛙的投喂要坚持几个原则：

（1）必须进行科学的驯食，让幼蛙养成吃死饵的好习惯。

（2）驯食时的活饵要鲜活，不能腐烂；饵料的配方要科学，各种营养要丰富，也不能有霉变现象。

（3）幼蛙的食欲十分旺盛，应采取少量多次的投喂原则，让它们吃好、吃饱。

（4）投饵时要坚持"四定"投饵技术。

（5）当幼蛙移养到一个新的稻田环境时，由于它们一时对稻田环境不适应，会躲在秧苗处或蛙巢内，很少出来活动，有时也不取食。一旦遇到这种情况，就要立即采取果断措施促进幼蛙的捕食，可从两个方面入手：①增加活饵料的投喂量，刺激幼蛙的捕食欲望，待其正常摄食后，再进行专门的驯食；②将不吃食的幼蛙捉住，用木片或竹片强行撬开它的口，将蚯蚓、黄粉虫等填塞进口，促进开食。

（五）幼蛙的管理

1. 防止高温

蛙是变温动物，自身对温度的调节能力非常弱，加上幼蛙的体质比成蛙更脆弱，因此幼蛙特别惧怕日晒和高温干燥。适宜幼蛙生长的温度为 23～28 ℃，当幼蛙在温度长期高于 30 ℃或短时间处于 35 ℃的高温干燥的空气中暴晒 0.5 小时，就会出现严重的不适反应，如食欲减退，会导致生长停止，甚至会被热死。

幼蛙在高温环境下热死的原因主要有两点，一是高热反应，导致幼蛙体内的新陈代谢严重失衡，造成死亡；二是高温的环境一般湿度都较低，这时幼蛙会因严重脱水而死亡。因此，在夏季的一个主要管理工作就是要防止高温，采取适当措施来降低温度，使池内水温控制在30℃以下，保证蛙的正常生活和生长。这些措施包括以下几点：

（1）及时更换部分田水，可以每5天左右更换1次田水，更换量为1/3左右，要注意的是新水与原来水的温差不要超过3℃。

（2）创造条件，使稻田里的水保持缓慢流动的状态。

（3）在田间沟靠近田埂的一侧搭设遮阴棚，可以用芦苇席、木架、竹帘子等作为搭建材料。遮阴棚的面积宜大一点，要比饵料台大2～3倍、高1m以上，防止幼蛙借助遮阴棚攀爬逃跑。这种方式既能有效地降低田间沟的水温，又能通风通气，效果是比较理想的。

（4）种植经济农作物，可以在田间沟靠近田埂的一侧种植一些经济作物，这些经济作物最好具有较强的攀缘性能，如葡萄、丝瓜、豇豆、南瓜、扁豆等长藤植物或玉米、向日葵等高秆植物。这种做法既能为幼蛙遮阴，又能收获经济作物，是一种典型的动植物相结合的种养方式。

（5）对稻田而言，如果高温时秧苗很小，可以采取以上几种方法。如果秧苗很壮、很大了，可以在喂饵时将部分饵料投在秧苗里，让蛙自己钻到秧苗里捕食，也能达到使其躲避高温的目的。

2. 保持养殖环境的清洁

保持养殖环境的清洁，是预防蛙类疾病的重要措施之一，通常要做好以下工作：

（1）及时清除残饵。在稻田里养蛙，虽然有稻田里的活饵料供应，可以不投喂饵料，但不投饵料，蛙的产量就非常低，养殖效益也差。因此为了确保稻田养殖的效益，还是建议做好投喂工作。在人工投喂的稻田养殖条件下，蛙的吃食量大，养殖管理人员投喂给它们的饵料多，没吃完的残存饵料也多，因此要经常清扫饵料台上的剩余残饵，同时洗刷饵料台。

（2）及时消毒饵料台。在晴天，可将洗刷干净的饵料台拿到田埂上，让饵料台接受阳光暴晒 3 小时后，再放回田间沟内；在重新安放时，有一个小技巧，最好是每次将饵料台的位置向一侧移动 2m。如果在清洁饵料台时遇到连续阴雨天，那么就可以将洗刷干净的饵料台放在石灰水中浸泡 1 小时，再捞起用洁净的清水冲洗 2 次，晾干后放回田间沟内；安放饵料台的技巧同上文，这样就可以彻底杀灭黏附在饵料台上的病原体。

（3）保持田间沟里的水质清洁。每天多巡田几次，发现稻田内有病蛙、死蛙及其他腐烂物质时，一定要及时捞出，病蛙要及时对症治疗，死蛙要在查明病情后及时掩埋。另外，一旦发现幼蛙所在田间沟里的水或稻田的水发臭变黑，则应立即灌注新水，换掉黑水臭水，保持田水的清洁。

3. 及时分养

分养就是按蛙体大小适时分级、分田饲养。在人工高密度饲养下，幼蛙的生长往往不一。由于蛙的密度大，幼蛙饲养一个阶段后，因为饵料投喂不匀及个体间体质强弱的差异，会出现个体大小不一的现象，有时这种差异很悬殊。例如，同期孵出、同期变态的幼蛙，经 2 个月饲养，大的个体可达 120g 左右，小的个体还不到 25g。由于一些蛙有"大吃小"的恶习，所以要及时按大小进行分田饲养，以提高蛙的成活率。

另外，对蛙进行及时分养，经常将生长快的大蛙拣出，有利于蛙的摄食和生长，促进同一块稻田里饲养的幼蛙生长同步、大小匀称，也能避免弱肉强食、大蛙吞吃小蛙现象的发生。

分养时，养殖的数量与蛙的规格是有密切关系的。例如，一块稻田若蛙的规格为 25～50g，在田间沟里每平方米放养 60～80 只；当规格达到 100g 时，这时就可以适时分养了，将密度调整为（30～40）只/m²；当规格达到 150g 时，可以再一次进行分养，每平方米调整到 20～30 只。

4. 防害除害

老鼠、蛇、鸟、鼬鼠和一些野杂鱼等都是蛙类的天敌，对幼蛙的危害是非常严重的，要经常观察有无蛇、鼠等敌害，一经发现要及时捕杀。可以用鼠药灭鼠，人工捉蛇、驱赶蛇，草人吓鸟等常用的有效方法来防害、除害。

5. 检查防逃设施

蛙善于爬跳，所以要经常检查防逃设施，有破损的要及时修补。

四、成蛙在稻田里的饲养

成蛙的养殖又叫商品蛙的养殖，是指幼蛙经过一段时间的培育，当个体长到 100g 之后，就可进入成蛙养殖阶段。

（一）营造成蛙生长的环境

（1）为成蛙提供干旱不干涸、洪水不泛滥的稻田，以潮湿、温暖背阳的地方较好，如果田间沟里有少量的挺水植物那就更好了。

（2）养殖成蛙的田间沟的水深要适宜，浅水区和深水区都要有。一般来说，浅水区就是稻田里栽秧的田面，它们是蛙的栖息、隐蔽及遮阴的场所，平时保持水深 10cm 左右。深水区就是田间沟，养殖成蛙的田间沟要稍微深一点，比养殖幼蛙的田间沟深 20cm 左右为宜。深水区是蛙游泳和接纳排泄污物的区域，也是设置饵料台供蛙摄食的地方。平时深水区水深 50～70cm，在冬季和盛夏时要保持在 1～1.2m。

（3）做好遮阴降温工作。稻田里除了秧苗可以为蛙提供遮阴外，还可以在田间沟中种植莲藕及其他叶大、叶多的挺水植物，也可种植水花生、睡莲等，在田间沟靠近田埂的一侧可种花草、蔬菜、葡萄、丝瓜、果树等，促使蛙快速生长，充分发挥生态养殖、立体养殖的效益。

（4）做好防逃工作。由于成蛙的活动能力和跳跃能力更强，应特别注意防逃设施的维修工作。另外，夏季暴风雨多，蛙受惊后会爬越障碍或掘洞逃跑，因此在这种天气要特别注意做好防逃工作。在稻田的周围要用芦帘、竹篱笆、铁丝网、尼龙网或砖墙等做成围栏，围栏要入土 15～20cm，高 1.8m 以上，防止成蛙外逃。

（二）科学投饵与补充活饵

成蛙的个体大、摄食量多，要保证供应充足的优质适口饵料，控制适宜的环境温度，其体重增长是比较快的，每月个体增重 30～50g。

随着温度的升高，蛙的食量增大，投饵量也应逐渐增加。投饵时更要注意"四定"技术，以避免发生弱肉强食的现象。此时的投饵量一般应达到蛙总体重的 20% 左右。

除了上规模的养殖场有特制的蛙饲料外，还可采取一些措施来补充活饵料。

1. 灯光诱虫

用 30W 的紫外灯或 40W 的黑光灯效果较好。天黑即开灯，可看到蛙群集于灯下，跳跃吞食昆虫的热闹情景。

2. 补充小鱼虾

（1）平时向田间沟里定期投入一些鲜活的小鱼虾，让蛙自行捕食，以补充饵料不足。

（2）采用木竹制成的槽状饵料盘，其底钉上尼龙纱布，盘中水与田水相接，固定在田间沟的阴凉处，放入活的小鱼虾。

3. 补充昆虫

人工捕捉蝗虫、蝼蛄等昆虫放入稻田的田面上，让蛙自然摄食。

（三）管理工作

（1）控制温度和湿度：最适宜的水温为 23～30 ℃，要做好遮阴、防高温、防烈日照射。

（2）控制水质：坚持换水，成蛙摄食多，排泄的废物也多，要经常换水保持水质不被污染。一般在炎热的夏季，有条件的话，要定期为稻田换水，每次换水量约为 1/6。也可以用小型潜水泵把田间沟里的水抽到田面上，让水流经过秧苗的吸收后再进入田间沟内，当然了，如果能让稻田形成微流水状态，那就更好了。

（3）及时分养：成蛙的养殖密度一般为每平方米 50～20 只（以田间沟的面积计算），密度大小随成蛙体型大小及养殖管理水平、水温、水质等因素而酌情调整。

（4）做好敌害的防范工作：蛇、鼠、猫等都是蛙的天敌，这些天敌夏季活动特别猖獗，必须建立巡视制度并采取清除措施。

（5）做好疾病预防工作：成蛙的养殖基本上都是在高温季节进行的，而夏季也正是蛙疾病的多发季节。每天要清洗饵料台，及时清除腐败变质的饵料，每半个月用漂白粉对田间沟消毒 1 次，使沟里水的药物浓度达 1mg/L。一旦发现蛙得病了，应及早采取治疗措施，以防疾病蔓延。

第六章　稻－鸭生态种养模式

稻－鸭生态种养模式是指在水稻活苑后至抽穗灌浆期间将雏鸭放入稻田中与水稻共同生长，使稻田中光、热、水、土、气等资源得到充分利用，双方互惠互利，生产出无公害高效益的稻鸭产品的生态种养模式。该模式起源于中国明朝，在日本发展成熟，随后在亚洲得到推广。稻－鸭生态种养不仅能够生产出绿色无公害的大米和鸭肉，促进农业生产的良性循环，带来巨大的社会经济生态效益，也是粮农增收的有效途径。

第一节　稻－鸭生态种养模式的意义

传统的稻作模式种植作物单一，且生产成本高，即使增加稻田复种指数也难以获得可观的经济效益，因此导致农民生产积极性不高，稻田利用率低，资源得不到有效的利用。且大量的化肥投入，使得土壤循环持续恶化，同时田间的杂草和害虫必须通过大量的除草剂和农药加以处理，既造成了资源的浪费，而且严重地影响了生态环境。而实行稻－鸭生态种养，由于鸭子可以采食田间杂草、浮游动植物和害虫，鸭粪亦可以肥田，据相关研究一只鸭子在稻鸭共生的 2 个月间可排泄湿重达 10kg 的粪便，相当于氮 47g、磷 70g、钾 31g，并还含有丰富的有机质。同时鸭子在稻田中频繁活动能刺激水稻生长，起到中耕、浑水、增氧的作用，减少了温室气体的排放；水稻又为鸭子遮光避敌，提供栖息活动的场所。使各种资源变废为宝，提高品质和效益，改善和保护生态环境，促进土壤的良性循环，提高了稻田资源利用率和产出率。

第二节 技术要点

一般在水稻移栽活蔸后可放入鸭龄为 10～20 天的雏鸭，早稻由于前期气温较低，可以放养 15 日龄以上的鸭子，晚稻田可早些放养。鸭子数量根据田间野生动植物多少而定，每亩水稻田放养 10～20 只较为适宜，一般 80 只左右为一个群体。鸭子可白天在稻田中生长，晚上赶回，也可 24 小时在稻田中生长，但须在稻田旁建设简易鸭棚，每天早晚补喂一定的饲料，在水稻抽穗灌浆前及时捕获鸭子，达到稻鸭双丰收。

一、田块选择

选择土壤肥沃，水源充足，水质良好，易于灌溉，方便管理，面积较大或连成一片的水稻田。

二、稻田种养前的处理

（1）对稻田起垄。

（2）施足基肥，施用常规栽培 60％～70％的肥量即可，一般以长效复合肥和农家有机肥为主，一次性施足纯氮 10～11kg，五氧化二磷 5～6kg，氧化钾 10～11kg。

（3）对田埂进行加高加固处理，挖好排水沟，便于排灌；在简易鸭舍旁需开挖鸭舍大小的蓄水池供鸭子在旱季时活动。

三、水稻品种的选择

一般选择抗性强，高产稳产优质，分蘖能力强，株高适中的水稻品种。早稻选用湘早籼 31 号、中优早 12 号、香两优 68 等；晚稻选用湘晚籼 9 号、湘晚籼 12 号、培两优 288、金优 207 等品种。同一品种避免多年连作，以防止病害的生理小种危害，提高品种抗性。由于鸭子在田间活动会给水稻苗造成一定的损伤，因此在移栽时可增加每穴苗数 2～4 棵。要适时播种移栽，培育壮秧。早、晚稻种子要用强氯精消毒，晚稻种子每千克用 2g 烯效唑拌种，可有效控制秧苗徒长。

四、围栏和简易鸭舍的设置

为了防止鸭子逃跑和天敌（鼬、蛇、鹰、狗等）对鸭子的侵害，需在稻鸭种养区设置围栏，一般用尼龙网（网眼≤2cm×2cm）在田埂上设置 0.8～1m 高度的围栏，经济条件允许也可使用专用的脉冲通电栅栏。若鸭子 24 小时在田间活动需设置简易的鸭舍供鸭子休息和便于投放饲料。可设在田埂边上，一般按每 10 只占 $1m^2$ 为宜，高度 1.5m 左右的简易棚。在简易棚的一边制成一个食台。鸭舍顶用稻草、编织袋或石棉瓦等遮盖，鸭舍最好用木条、竹条等搭建，这样能保证鸭舍的干燥和通风。

五、鸭的品种选择

鸭子品种的选择是稻鸭共作技术的重要组成部分，可根据实际要求选择全能型鸭或役用型鸭，要求鸭子具有体形小、杂食性、集群性等特点，如果是自己培育鸭苗要把握"谷浸种，蛋起孵"，也可在水稻插秧前 3～5 天购买鸭苗，既可选用本地麻鸭或野鸭雏鸭。我国最适于稻田放养的鸭种有绿头野鸭、绍兴麻鸭、湖南攸县麻鸭、福建金定麻鸭、湖北荆江鸭、贵州三穗鸭、四川建昌鸭、江西大余鸭和巢湖鸭等。这些鸭属中小体形，成年鸭每只体重 1.25～1.5kg，在放养稻苗间穿行，活动灵活，食量较小，成本较低，露宿抗逆性强，适应性较广，公鸭生长快，肉质鲜嫩，母鸭产蛋率高。

六、鸭的饲养要点

（一）雏鸭饲养

雏鸭出壳 20 小时即可直接用饮水器饮水。"开食"在饮水后 15min 左右进行。将雏鸭放到塑料布（或草席、篾席）上，先洒点水，略带潮湿，然后放出小鸭，饲养员一边轻撒饲料，一边吆喝调教，引诱雏鸭琢食。这时务必细心观察，要使每只鸭子都能吃进一点饲料，但也不能吃得太多，六七成饱就可以了。10 日以内的雏鸭每昼夜喂料 6～7 次，其中晚上喂 2 次，饮水置于饮水器内，昼夜不断供应。在舍饲期内，每只雏鸭应投 50g 左右的雏鸭配合料。为提高雏鸭觅食青草的能力，可自 1 周龄后在饲料中加入青菜。在鸭子孵化后到大田放养前，饲喂颗粒饲料。

（二）鸭子的田间饲养

每天喂食以呼唤、吹哨或敲击声进行驯化，建立条件反射，以利于管理。鸭子放入大田后，每天每只用稻谷、玉米等谷物类饲料 50～100g 饲养，同时可添加饲料草（如绿萍）和其他鸭子喜食的水生动物。产蛋期每天每只用稻谷、玉米、饲料草等谷物类饲料 100g 饲养。大田饲养期间，饲料用量适中，严禁使用发霉发臭饲料和发臭生蛆的动植物残体饲养鸭子。投放饲料时要逗鸭，可以减少收鸭时的困难。投放饲料一定要注意定时，一般以傍晚鸭子回鸭舍时为宜。其他时间投放饲料，不利鸭子主动积极地到田间取食，特别注意不宜在早晨投放饲料。

七、水稻田间水浆管理

掌握返青期灌深水，分蘖期灌浅水，孕穗期浅水勤灌，抽穗期保持足水，乳熟期薄水轻搁，黄熟期灌跑马水的灌水要点。鸭放养前采取浅水管理，促进早活苗返青。鸭在稻田觅食活动期间，田间保持水层以利鸭活动。考虑鸭子要戏水、觅食及抑制杂草等，放鸭期间要求田间持水 8cm 左右，栽后 5～7 天适当调整水层，以利于放鸭，以鸭脚没入水中为宜；鸭舍旁须开挖 50～60cm 深的蓄水池，供鸭子在旱季活动。稻田养鸭要做到鸭在水稻全生育期都下田，必须做好配套工程。一是要有支撑全时段稻鸭耦合的多沟一群设施及控制技术。在稻田中建造永久性或季节性小型沟壑设施促进鸭在田间捕食，每隔 5～8m 开一条沟并保持沟中有水，无论在水稻生长中期或后期鸭群都能正常下田运动。鸭捕食有"一口料一口水"或"连汤带水"的特点，水稻生长中后期稻田经常阶段性断水，鸭群下田不能正常捕食，停留在田埂，出现稻鸭耦合时序断档。在促进水稻正常生长前提下，发明稻田生态沟，保持沟中有水，鸭群正常捕食，全田运动，解决了水稻生长中后期鸭群不下田的难题。二是要有支撑全空间稻鸭耦合的稻加鸡鸭种养方式及控制技术。水稻中后期群体数量与质量增大、鸭个体也相应增大形成的双向顶压效应，是导致鸭群在水稻生长中后期惰于下田的主要原因。采用 5 月中旬放青年鸭、6 月下旬放青年鸡、雏鸭，分三批分别适应水稻生长前期的低群体数量与质量、水稻生长后期的高群体数量与质量，解决水稻生长中后期群体太大与鸭群个体太大导致顶压，保证鸭群正常下田。青年鸭与成年鸭在稻田运动需克服陷泥、稻株顶压两大阻力，但鸭个体增重与水稻群体增大在水稻生长中后期刚性发展，鸭群不能正常进入田间，停留在田埂，出现稻鸭耦合空间矛盾。针对稻鸭耦合矛盾，研究人员发明一季水稻一批鸡、两批鸭的种养方式，并适时投放与回收，辅以青年鸡防控水稻冠层虫害，解决了水稻生长中后期鸭群在稻田运动的难题。三是要利用大型鸭群大范围捕食、排泄鸭粪产生有机肥与生物源杀菌剂为作物施肥、防除病虫的生态技术。研究人员发现，从鸭粪中提取的铜绿假单胞菌株原液对水稻纹枯病菌、水稻细菌性条斑病菌有抑制作用，与井冈霉素复配后施用于水稻植株效果更佳。其原理是铜绿假单胞菌可产生吩嗪-1-竣酸、藤黄绿脓菌素、2，4-二乙酰藤黄酚等多种活性物质，对水稻纹枯病菌、水稻细菌性条斑病菌有抑制作用。由于鸭粪能同时对真菌性病原、细菌性病原产生抑制作用，与大多数单一的化学农药比较，其抑菌谱更宽，可同时作用于多种靶标。研究人员发明的稻加鸡鸭种养分三批投放技术保障了全生育期通过搅泥、排粪不断释放土壤养分、增施鸭粪，解决了水稻生长中后期稻田土壤养分释放不够、病害控制源减少的问题。

八、水稻病虫害防治

鸭子的捕食和不断穿行改善了田间通风透光条件，绝大部分病虫杂草都可控制在防治指标以下。稻鸭共作田前期的病虫草害基本不需要用药控制。但稻纵卷叶螟、稻蝗象、稻瘟病等爆发时，可用生物农药进行防治。后期三化螟卵块产于植株叶片中上部，稻纵卷叶螟主要在叶片中上部危害，而此时植株已较高，鸭子作用削弱，可采用频振杀虫灯诱杀，一般 50 亩安置一盏频振杀虫灯，或用生物农药防治。

九、鸭病防治

鸭舍应经常进行卫生消毒工作，消灭病原微生物，切断疾病传播途径，控制疫病蔓延。疫病、中毒、中暑是严重影响役用鸭成活率的三大主要因素，只要发生任何一项未能及时控制，都会引起鸭子的大批死亡甚至全军覆灭。因此对于鸭疫病、中毒、中暑的预防、控制和治疗是直接关系稻鸭共作成败的关键技术。在幼鸭孵化出壳的当天接种鸭病毒性肝炎疫苗，而后按要求进行接种鸭瘟二联疫苗和禽流感疫苗防疫。

（1）鸭病毒性肝炎。无母源抗体的 1 日龄雏鸭（种鸭无免疫鸭肝炎），用鸭病毒性肝炎疫苗 20 倍稀释，每只 0.5mL 肌内注射。有母源抗体的 7～10 日龄雏鸭皮下 1mL 注射。

（2）鸭瘟。鸭瘟弱毒苗 10 日龄首免，40 倍稀释，每只 0.2mL 肌内注射。60 日龄进行二免，每只 0.5mL 肌内注射。

（3）禽流感。用禽流感 $H_5 + H_9$ 二价或 H_5 单价灭活苗，10～15 日龄每只皮下或肌内注射 0.3mL。60 日龄进行禽流感二免，每只肌内注射 0.5～0.6mL。

（4）预防细菌性疾病。雏鸭舍饲期内饲料中加入预防药品，连续用药 3～4 天停药 2 天，间断用药。雏鸭前 3 天的饮水中加入 50mg/kg 的恩诺沙星或庆大霉素。

（5）防中毒、中暑技术。首先要勤检查，一查四周田埂是否漏水漫水，增高加固田埂，堵塞缺口漏洞；二查田间腐尸，及时清除鱼、雀、鸭等动物尸体。其次要及时隔离，将中毒区内的鸭子赶上来，放养于清洁的环境中，防止继续接触有毒物质。防止鸭中暑的关键是保持田间合适水层。实践证明，只要田内始终保持 10cm 左右的水层，引起鸭子中暑的可能性就很小。

以上介绍的 7 种多熟制稻田生态种养模式，对于水产禽类病害的防治，除书中所述各养殖动物具体的主要病害防治方法外，还可在稻田养殖生长的全过程中，采用生态安全的预防和防治相结合的措施进行有效管理。此处，介绍一种新型的效果明显的养殖业用生态型消毒剂。该消毒剂既达到防治真菌、细菌性病害的目的，又可对养殖动物（畜禽、鱼类等）提高其抗病能力，防止疾病的传播；保证养殖动物正常生活不需转场，可直接在所养殖的场所（如池塘、农田、禽舍）及运输机械和器具上消毒使用；杀灭养殖动物环境中和与之接触的物体上的病菌，效率高。这是一种养殖业用中草药消毒剂，主要成分为中草药提取液，所述中草药提取液占所述消毒剂的质量百分含量＞95％，其中中草药提取液由以下质量百分含量的组分组成：大蒜提取液 25％～35％、鱼腥草提取液 15％～25％、马齿苋提取液 15％～25％、艾叶银杏青蒿提取液 9％～15％、松树枝叶提取液 10％～20％，且各种提取液的质量百分含量之和为 100％。

各成分提取液的获取：以上各植物新鲜洗净除杂（大蒜瓣、鱼腥草全株、马齿苋植株地上部、艾叶茎叶、银杏叶片、青蒿植株地上部、松树松针），捣碎或用制浆机打成浆料后，分别放入蒸馏水或70%～75%酒精中浸提（其中大蒜、鱼腥草用蒸馏水，马齿苋、艾叶、银杏、青蒿、松针用酒精提取有效成分），提取温度30～50℃，浸提时间3～5小时；过滤各浸提液，分别贮藏备用。将提取好的各植物源备用液，按比例进行混合；即按大蒜：鱼腥草：马齿苋：艾叶银杏青蒿：松枝叶为：3∶2∶2∶1.5∶1.5，将5种提取液混合摇匀，成消毒液。使用时，将消毒剂原液用30～50℃的温水按50倍稀释（如取400mL混合好的提取液，加入约20L的洁净水即可），搅拌均匀后，进行喷施消毒灭菌。不用时，各提取液低温下避光储存备用。此法利用了各中草药中活性成分的不同功效，进行合理的配伍，杀菌抗菌、抗病毒效果明显，具有广谱和增效作用，在养殖业生产上使用安全可靠。

第七章　稻—鱼生态种养

第一节　稻鱼模式特点

一、稻田养鱼的优势及特点

稻田养鱼，鱼以浮游生物和田中杂草为食，不但不与水稻争肥，其粪便还是水稻可利用的优质有机肥料；稻田里养鱼，在水中生活或掉入水中的害虫可被鱼捕食，从而减轻水稻受害的程度，减轻化学农药的使用量，减缓空气污染物对农田环境的污染，是生物防治的措施之一；稻田养鱼还能够起到改善农田环境，维持生态平衡的作用。因此，稻养鱼、鱼养稻，稻米之田变成了"鱼米之田"，其优势和特点表现为以下几方面。

（1）稻田养鱼可以促进水稻增产。稻田养鱼是一种内涵式扩大再生产，是对国土资源的进一步挖掘和利用，无须额外占用耕地的条件下生产水产品。大量实践表明，发展稻田养鱼不仅不会影响水稻产量，还会促进水稻增产，养鱼的稻田一般可增加水稻产量 5%～10%，较高的增产 14%～24%。

（2）稻田养鱼可为社会增加水产品供应，丰富人们的"菜篮子"。在江苏、四川、贵州等地，稻田养鱼已成为当地水产养殖的主要方式之一。稻田养鱼这种生产方式能够做到均衡上市，对于稳定水产品供应，平抑市场价格，满足"菜篮子"需求，改善人们膳食结构起到重要作用。尤其是在一些水资源缺乏且交通闭塞的地区，发展稻田养鱼，就地生产，就地销售，可有效地解决这些地区长期"吃鱼难"的问题。

（3）稻田养鱼可以使农民增收。稻田养鱼既增粮又增鱼，稻田可少施化肥、少喷农药，节约劳力，实现增收节支，据研究，一般养鱼稻田每亩可使农户增加收入 220 元，实施高标准的稻鱼工程进行稻田养鱼，每亩可增加 350 元。利用稻田养殖名特优水产品及进行稻—鱼—菇三元复合养殖，每亩稻田增收可超过千元。

（4）稻田养鱼促进了生态环境的优化，增强了抵御自然灾害的能力。稻田养鱼，相应加高加固田埂，开挖沟凼，大幅增加了蓄水能力，有利于防洪抗旱。在一些丘陵地区，实施稻鱼工程，每亩稻田蓄水量可增加 200m³，大幅增强了抗旱能力。对一些干旱较多的缺水地区，养鱼的稻田由于蓄水量大，可以有效地延缓旱情。稻田养鱼对环境的改善作用还表现为良好的灭虫效果，据试验研究，养鱼的稻田比不养鱼田蚊子幼虫密度低 80％，稻田养的鱼食用了大量的蚊子幼虫和螺类是主因，由此，可降低疟疾、丝虫病及血吸虫病等严重疾病的发病率。

二、稻田养鱼的模式规范

我国稻田综合种养主要是在传统稻田养鱼的基础上发展演变过来的，稻田养鱼适应性比较广，平原湖区、山区、丘陵岗地等有分布，除了平原高产稻田外，梯田、山垄田、烂泥田（冷浸田）等可养鱼。因此，稻田养鱼的田间工程复杂多样，可因地制宜开挖田间工程。目前，规模化生产上多采用在稻田中挖鱼沟、鱼溜或鱼凼，在进出水口设置鱼栅的方式进行，在冷浸田可采用垄稻沟鱼模式。

实际生产中有单季稻养鱼、双季稻养鱼，也有冬闲田养鱼，单季稻养鱼，多在中稻田进行，从 5～8 月份，生长期约 110 多天，此时正是鱼的生长旺季，若养水花（草鱼），应于秧苗返青后鱼开口时放入，8 月份可长到 7cm 左右；若养成鱼，应放 10cm 以上的大鱼种。单季稻养鱼应尽量争取早放，延长生长期。双季稻养鱼可把鱼坑挖大，挖深1～2m，准备第一次割稻时好放鱼进坑继续暂养；第一次放鱼在秧苗插后返青时，把鱼苗放入田坑中，随着加深水位，鱼苗由坑走向沟，由沟走向大田，实行满田放养，一直养到割谷为止，割谷前稻田降低水位，让鱼进鱼坑继续养殖，如果鱼坑不够用，可将鱼转塘养殖；第二次放鱼在割谷后，清整稻田时，要施足基肥，进水插秧，秧苗返青后，投放大规格的罗非鱼及草鱼苗种。冬闲田养鱼，可在秋季稻谷收割后，割稻时，留长巷，只割稻穗，接着灌深水，加高水位60～150cm，深茬在池水浸泡下，逐渐腐烂，分解为鱼和浮游生物的饵料，就田养殖；在冬闲田里不能放养罗非鱼和淡水鲳，因这两种鱼不耐低温，放入田中会冻死，其他鱼也要加强防寒防意外，冬天温度低时可在避风处水面盖芦席，防风保暖。

第二节　稻鱼技术要点

一、稻田选择

养鱼稻田的选择标准为以下几点。

（1）要求土质好，具体指标有保水力强、无污染、无浸水、不漏水、土壤肥沃、呈弱碱性、有机质丰富。

（2）水源好，具体指标有水质良好无污染、水量充足、有独立的排灌系统（抵御旱涝灾害能力强）。

（3）光照条件好且附设遮阴条件，选择光照充足的田块，并在鱼沟、鱼凼上方搭建棚架，在夏季降低35℃以上高温对鱼的伤害。另外，还可考虑选择空气新鲜、生态环境好的地区，为进一步建立有机稻鱼体系打基础。

二、稻田改造

养鱼稻田田间工程建设标准主要体现在以下几个方面。

（1）完成好田埂的加固和修整，加高、加宽和加固田埂，一般要求田埂高 20cm 以上，捶打、夯实，并在其上安插拦鱼网，有条件的可利用混凝土硬化田埂，形成"禾时种稻、鱼时成塘"的田塘优势，土埂则采用加宽的田埂种植小米草、苏丹草等草食鱼类的青饵料。

（2）挖好鱼沟、鱼凼，在田埂内侧四周及田中心挖出宽度为 30～60cm、深度为 30～60cm 的环田鱼沟，鱼沟间相互连通，在各鱼沟交叉点形成鱼溜，在相对两角设置进、排水口，并在进排水口处设置拦鱼栅，下端插入硬土中 30cm，上部比田埂高出 30～40cm，网的宽度比进排水口宽 40～60cm；设置一定面积的鱼凼，占稻田面积的 5%，由田面向下挖深 1.5～2.0m，由田面向上筑埂 30～50cm，每个鱼凼面积最好在 30～200m²，鱼凼位置以田中央或北端为宜，鱼凼是关键性设施，最好用混凝土修筑，确保牢固度和可靠性；还可用遮阳布在鱼溜上方设置高 2m 左右的遮阳棚。

（3）土壤培肥，一般按每亩均匀施撒 1500kg 左右、经沤制发酵腐熟的农家肥，深耕整地后备用。

三、稻田消毒

在水稻移栽前对稻田进行清田消毒，一般撒施适量的生石灰或漂白粉，消除有害生物，消灭病原菌。插秧时按鱼沟、鱼凼水体容量计算施用，施用生石灰 200g/m³ 或漂白粉 20g/m³，方法为用水溶解后均匀泼洒，消毒后 7～10 天后方可放鱼。

四、水稻种植与管理

（1）合理栽插密度。在独立的水稻种植区，小田块一般进行人工插秧，栽培方法有点插法和垄植法，常采用宽行距和窄株距的方式，行向多为通风透光性好的东西向，点插法的行距一般为 26～30cm，株距 13～16cm，插足基本苗，每亩常规稻 4 万～5 万、杂交稻 2 万～3 万；垄植法是通过抬高田面做垄后在垄上种植水稻的方法，垄宽 26～106cm 不等，不同垄宽栽插行数不等。垄宽 26cm 插 2 行、52cm 插 4 行、66cm 插 5 行及 106cm 插 8 行。大田块可采用机插秧。

（2）把好稻田施肥关。施肥原则是施足底肥、控制追肥，以有机肥为主的条件下，可在整田前亩施氮磷钾复合肥 10～20kg，底肥充足的条件下一般无须追肥，即使追肥，最好使用有机肥，常采用少量多次的方法，每次亩施尿素 3～5kg，并且在追肥前应排浅田中水层，促使鱼集中到鱼凼中，等待肥料被稻根或田泥吸收后再恢复深水灌溉。

（3）科学使用农药防治水稻病虫害。应选择高效微毒品种，螟虫常用阿维菌素等防治，纹枯病和稻瘟病最好用井冈霉素和富士 1 号等防治，严格按说明以常量施用。

（4）科学管水。有效分蘖期适当浅灌、促进水稻形成较多的有效穗，其他时期可适当灌深水，以利鱼的活动，促使鱼、稻生长两旺。灌浆中后期适时排干田间水分，促进灌浆结实、改善稻米品质。

五、鱼的放养与管理

（1）合理品种搭配，把好鱼苗种放养关。一般在秧苗返青后，选择体重为 50～150g、体质健壮的草鱼和鲤等品种的鱼苗，将其置入 3%～5% 的食盐水中浸泡消毒 10～15min，捞出后放养在挖制的环田鱼沟和"十"字形鱼沟内，放养密度为 (7.5～10) kg/亩。

（2）科学投放饲料，把好鱼的饲养关。稻田养鱼前期以萍、划、虫等天然饵料为主，后期以商品饵料为主，鲤、草鱼均属杂食性鱼类，人工饵料以米糠、麦麸、豆饼、菜籽饼、小麦等杂粮为主，也可投喂经过发酵的禽畜粪肥（以沼液为好）和青草，具体饵料品种依据鱼的品种和发育生长时期确定。生长前期每隔 7～10 天投放一次，生长旺季增加到日投 2 次，上午 8～9 时、下午 4～5 时，投量以食完为标准。

（3）"以防为主、防重于治"，把好鱼病防治关。在鱼种放养时，必须用食盐水浸泡，避免外源病原随鱼体进入养殖稻田，引发鱼病。高温季节，按第 15 天用 10～20mg/L 生石灰或 1mg/L 漂白粉沿鱼沟、鱼凼均匀泼洒 1 次，或将上述两种药物交替使用，以杜绝细菌性和寄生虫性鱼病。发现水质转黑或变浓绿，鱼类有狂游、独游、团游现象，食量下降、日出后浮水不下等征兆时，应及时缓缓排水，将鱼逐渐赶到鱼沟、鱼溜内，待鱼沟内的水位同田面相平时，停止排水。捞出几尾病鱼进行初步诊断，对症施药，细菌性疾病如肠炎、烂鳃等病，按鱼沟、鱼溜水量计算，可按每亩用菌毒克 133g，充分溶解后，用水稀释 300～500 倍后全沟（溜）均匀泼洒；寄生虫引起的疾病，施用水虫清 0.2～0.3g/m³，全沟泼洒；施药 2～3 天后，向稻田灌水、复原水位。

六、捕捞收获

捕鱼前一周，先疏通鱼沟，清除淤泥，然后缓慢放水，选择夜间排水，天亮时排干，使鱼全部集中在鱼沟、鱼溜中，使用小网在排水口就能收鱼，气温较高时，选择早、晚凉爽时间捕捞上市。

第三节　稻鱼模式的应用

一、防逃

进排水口、田埂的漏洞、垮塌，大雨时水漫过田埂等都易造成鱼苗的逃逸，因此，养殖鱼类的稻田都要加高加固田埂，扎好进排水口。

二、防缺氧

在稻鱼共养过程中，要经常加注新水，特别是在高温季节中，要加深水位，防止缺氧浮头，并做好每日巡视田块、检查摄食状况等。

三、加强水分管理，解决好水稻浅灌、烤田与养鱼的矛盾

插足基本苗，通过有机肥底施以防止无效分蘖发生过快，采用轻烤田即白天排水夜间灌水的方式烤田，确保稻鱼生产双赢。

四、解决好追施化肥与养鱼的矛盾

一般条件下不主张追施化肥，确需施用化肥保水稻产量时，应做到整体分区分段管理，先将鱼赶到分隔开的一段，薄水条件下追施化肥 2 天后，将鱼往回赶、交叉进行。

五、解决稻田施用农药与养鱼的矛盾

虫害可采用灯光诱杀和生物防治相结合，病害采用生物农药预防，或选用高效微毒、无残留、不影响鱼生长发育的农药品种防治；草害则选择放养一定量的草食性鱼种加以解决。

六、防鸟

前期结合稻田养萍，浮萍起到一定掩体遮挡作用而防鸟害；挖好鱼溜、提升水位，结合搭棚防鸟；安装水流动力驱鸟发声器；安装防鸟网或防鸟带。

第八章　稻－螺生态种养

第一节　稻螺种养模式特点

一、稻螺种养的优势及特点

稻螺混养不仅可以净化水质，还可以增加收入，后续增加鱼苗投放时，起到增加水体溶氧量的作用。稻鱼螺在稻田共生共存，形成一条生态循环链，有效促进稻螺增产提质。

（1）田螺具有除草的作用。田螺常以泥土中的微生物和腐殖质及水中浮游植物、幼嫩水生植物、青苔等为食。喜食水田里的杂草和水面浮游植物。

（2）增肥。田螺排泄物可增加土壤有机肥、节省施肥量。养螺的稻田土质泛黑肥沃，质地明显改善。

（3）增强水稻抗逆性。稻田养螺可以大量施用或不施用无机肥料，水稻植株健壮挺拔，增强了对病虫害及不良环境的抗性。

（4）增加效益。稻螺共育、互利共生，稻螺共生田平均亩增效1500元左右，市场行情好时，可增收 2000 元以上。

二、稻螺共生的模式规范

稻螺种养模式简单易行，传统粗放的稻田养螺有平板式稻螺混养，为充分发挥稻螺共生优势，提高养殖产量，现多采用沟坑式养殖，开挖田沟和集螺坑，一是为了田螺遇到炎热或寒冬天气可以避热避冷；二是收割水稻干田时可以集螺，要求做到沟沟相连，沟坑相通，沟底面向坑倾斜，沟只挖 30cm 深、40cm 宽即可，集螺坑长方形或正方形，也不要太大，其蓄水深 60～80cm 以内即可，用以喂食，保水防旱，稻田面积也不宜过大，一般 1～3 亩。

第二节　稻螺种养技术模式要点

一、稻田选择

选择水源充足、无污染、排灌方便、保水力强、土质肥沃的田块作为养殖田。

二、稻田改造

首次进行养螺的稻田在开挖稻田前，按每亩用 50kg 生石灰化浆全田均匀泼洒消毒，同时每亩稻田施用发酵后的猪牛粪300～500kg。

稻田排干积水后，翻耕后开挖集螺沟和集螺坑。沿田埂四周开挖一条宽 1～1.5m、深 40～50cm 的环形水沟为集螺沟，若田块面积较大，可挖几道工作行或十字沟，其宽 50～60cm、深 20～30cm，并将田埂加固加高至 50cm，夯打结实，以防渗漏倒塌。集螺坑为长方形或正方形，蓄水深 60～80cm，一般靠近田埂边布置。根据田块的大小可设集螺坑一个或多个，总面积占整个稻田面积的 1/10 左右。

在田块的对角分别设置一进、排水口，并在进、排水口装上防逃网。防逃网需埋入土下 15cm 处，以防止田螺从网底逃逸。平时保持水位 10～20cm。

三、田螺放养

（一）品种选择

放养的品种以个体大、生长快、肉质好的中华圆田螺为佳。

（二）种螺收集

用于繁殖的亲螺可到稻田、池塘或沟渠收集，应选择适宜比例的雌雄亲螺；雌螺个体大而圆，头部左右两触角大小相同且向前方伸展；雄螺个体小而长，头部右触角较左触角粗而短，末端向右内方向弯曲，其弯曲部即为生殖器。繁殖亲螺的选择标准是：螺色清淡、壳薄、体圆、个大、螺壳无破损、介壳口圆片盖完整等。

（三）仔螺繁育

每年 4、5、10 月为田螺的生殖季节，一般每胎可产仔螺 20～30 个，多者可达 40～60 个，一年中可产 150 个以上，产后经 2～3 周，仔螺重达 0.025g，即可开始摄食，一般经过一年的饲养即可繁殖后代。

（四）放养时间

一般在单季稻栽插前放养，放养位置以集螺沟为主。

（五）放养规格与数量

放养幼螺，规格 5g 左右，亩放种 25 000～30 000 只，计重量 125～150kg。放养螺种，规格 10～15g，亩放种 30～50kg。

（六）投饵施肥

田螺的食性杂，饵料有天然饵料和人工饲料两大类。天然饵料主要是水中的底栖动物、昆虫、有机物或水生植物的幼嫩茎叶等。但在高密度养殖条件下，天然饵料不能满足田螺的生长需要，必须适时补充投放人工肥料和饵料。如施一定的粪肥，以培肥水质，提供足够的活饵料（浮游生物）；同时，投喂一定数量的饼粕类、糠麸类、瓜果蔬菜、鱼虾及动物废弃物等人工饵料。

投喂方法是：每2～3天投喂一次，每次投喂量为田螺总重量的1%～3%。蔬菜瓜果、鱼虾或动物内脏等投喂前要剁碎，再用麸皮、米糠、豆饼等饵料拌匀后投喂，饼粕类固体饵料要先用水浸泡变软，以便田螺能舐食。田螺喜夜间活动，晚上摄食旺盛，投饵应在傍晚，每次投喂的位置不宜重叠。田螺的适宜生长温度为15～30℃，最适温度是20～28℃，除冬眠期外，其他时间都应投饵，但投喂量可根据水质、水温以及田螺的摄食情况灵活掌握，当水温低于15℃或高于30℃时不需要投饵。

（七）水质管理

田螺与鱼类和其他贝类一样，不能直接呼吸空气中的氧气，而是靠鳃呼吸水中的溶解氧气，且耗氧量又高，当水中的溶氧在3.5mg/L时，就会较严重影响其摄食，低于1.5mg/L或水温超过40℃时，就会窒息死亡。所以，养殖田螺的水质要溶氧充足。

在田螺生长繁殖季节，要经常注入新水，调节水质，特别是夏季水温升高，采取微流水养殖效果最好。春秋季节则以半流水式养殖为好，冬眠期可每周换水1～2次。平常稻田水深保持25～30cm，冬季田螺钻入泥土中，水深10～20cm即可。

（八）防逃

田螺有逆流的习惯，常群集入水口或滴水处，溯水流而逃往他处，或顺水辗转逃逸，有时甚至于小孔内拥群聚集，以逐渐扩大孔洞，再顺水流溜走。因此，要坚持早晚巡田，查补堵漏，特别要注意进、出水口处的防逃网栅，发现孔隙，要及时修补，严防田螺逃跑。

（九）病害预防

生产中，田螺除缺钙软厣、螺壳生长不良和蚂蟥病危害外，一般无其他疾病。经常向稻田中泼洒生石灰，可以消除缺钙症；发现蚂蟥则用浸过猪血的草把诱捕清除。

（十）起捕上市

起捕时，可以采取捕大留小的办法，将达到上市规格的田螺捕捞上市，小的继续饲养。一般可带水捕捉，也可以诱饵或流水诱其群集而行，然后用抄网捕之。同时，注意留足次年养殖需要的螺种，以备来年繁殖仔螺。

四、水稻种植与管理

养螺稻田宜栽插矮秆抗倒伏水稻品种，可选用高产、优质、耐肥、抗病、抗倒伏、生育期适中的一季晚稻品种。水稻栽插方法与常规一季稻田的操作规程基本相同，田间管理上应慎重使用化肥、农药。

（一）稻田施肥

养螺稻田由于常投饵施肥，加之田螺的排泄物，土质肥沃，基本能满足水稻生长发育所需要的养分，一般不需为水稻另施肥。确需施肥，可以有机肥为主，巧施化肥，如用尿素控制在每亩 10kg 以下，过磷酸钙每亩 15kg 以下，做到量少次多，严禁用碳酸氢铵。要防止高温施肥，也不宜大量施用有机肥，以免污染水质，影响田螺生长。

有机模式中，基肥在秋收后每 1000m^2 施酵素 2kg、米糠 2kg、鲜鸡粪 300kg、牛粪或猪粪 400～500kg，在翌年 3～5 月浅耙 2 次，插秧前每 1000m^2 施米糠 250kg；追肥，在抽穗前 40～50 天施米糠 20kg、鸡粪 20kg/1000m^2，抽穗前 7 天施米糠 20kg、鸡粪 10kg/1000m^2。

（二）稻田用药

养田螺的稻田由于生物防治和生态的作用，水稻一般很少发病和虫害，水稻一般无须用药。如确需用药，应选用多菌灵、井冈霉素等高效低毒农药。施药时最好采用微雾施用，尽量将药物喷洒在水稻茎叶上，避免农药落入水中。同时，可暂时加深水层，以稀释落入水中药物的浓度，缓解对田螺的影响。

有机生产模式中，防治稻瘟病和纹枯病，采用 300～500 倍米醋、百草液、钙和木醋液混合液防治；防治螟虫和飞虱，采用 150～200 倍米醋、百草液、大蒜素、烧酒和木醋液混合液防治。

第三节　稻螺种养模式的应用

（1）加强日常管理，早晚应巡视各 1 次。天气变化剧烈时，要勤检查进出水口的栅栏、密网，及时发现问题，防止田螺逃逸、防晒和预防疾病。

（2）稻田养螺要尽量避免在养螺田内施用农药，严禁农药、化肥污染的水源流入稻田。需要留心观察水质，一旦发现水质有污染应立即排除，重新注入新水。

（3）稻田养螺最好保持微流水，田水深度 10～20cm，防止干水漏水，如需短时间干水晒田促进水稻分蘖，可以缓慢排水将田螺引入沟和坑中饲养。

（4）田螺的敌害生物主要有鸭、水鸟和老鼠，尤其是要防止鸭进入稻田中。另外，养殖田螺的稻田不宜放养青鱼、鲤鱼、罗非鱼、鲫鱼等鱼类，它们也摄食田螺。

（5）避开炎热酷暑投入田螺苗。

第九章　稻田生态养殖小龙虾

第一节　概述

小龙虾也称克氏原螯虾、红螯虾和淡水小龙虾。形似虾而甲壳坚硬。成虾体长 5.6～11.9cm，暗红色，甲壳部分近黑色，腹部背面有一楔形条纹。幼虾体为均匀的灰色，有时具黑色波纹。螯狭长。甲壳中部不被网眼状空隙分隔，甲壳上明显具颗粒。额剑具侧棘或额剑端部具刻痕。

小龙虾是淡水经济虾类，因肉味鲜美，广受人们欢迎。因其杂食性、生长速度快、适应能力强而在当地生态环境中形成绝对的竞争优势。其摄食范围包括水草、藻类、水生昆虫、动物尸体等，食物匮缺时亦自相残杀。小龙虾近年来在中国已经成为重要的经济养殖品种。在商业养殖过程中应严防逃逸，尤其是要严防其逃入人迹罕至的原生态水体，以免其对当地物种生态竞争的优势而造成破坏性危害。

一、小龙虾的价值

（一）观赏价值

由于大部分小龙虾的抗污染性十分强，因此在含有高污染性毒素的水质下，依然可以存活。放养在水族箱中，也可有效地清除鱼的排泄物以及青苔，对水文环境整治有十分大的贡献。

（二）食用价值

小龙虾肉质细嫩，风味独特，蛋白质含量高，脂肪含量低，虾黄具有蟹黄味，尤其钙、磷、铁等含量丰富，是营养价值较高的动物性食品，已成为我国城乡居民餐桌上的美味佳肴。小龙虾还具有一定的食疗价值，在国内外市场上的消费与日俱增。

小龙虾可食比例为 20%～30%，虾肉占体重的 15%～18%。从蛋白质成分来看，小龙虾的蛋白质含量高于大多数的淡水和海水鱼虾。100g 龙虾肉中，含水分 8.2%、蛋白质 58.5%、脂肪 6.0%、壳多糖 2.1%、灰分 16.8%、矿物质 6.6%。其氨基酸组成也优于肉类，不仅含有人体所必需而体内又不能合成或合成量不足的 8 种氨基酸，即异亮氨酸、亮氨酸、蛋氨酸、色氨酸、赖氨酸、苯丙氨酸、缬氨酸和苏氨酸，而且还含有脊椎动物体内含量很少的精氨酸。此外，小龙虾还含有幼儿必需的组氨酸。特别是占其体重 5% 左右的肝脏（俗称虾黄），味道别致、营养丰富，虾黄中含有丰富的不饱和脂肪酸、蛋白质和游离氨基酸。

从脂肪成分来看，小龙虾的脂肪含量比畜禽肉类一般要低 20%～30%，大多是不饱和脂肪酸，易被人体消化吸收，还可以使胆固醇醋化，防止胆固醇在体内蓄积。

从微量元素成分来看，小龙虾含有人体所必需的多种矿物质，含量较多的有钙、钠、钾、磷，比较重要的还有铁、硫、铜和硒等微量元素。矿物质总量约为 1.6%，其中钙、磷、钠及铁的含量都比一般畜禽肉高，也比对虾高。因此，经常食用小龙虾，可保持神经、肌肉的兴奋性。

从维生素成分来看，小龙虾也是脂溶性维生素的重要来源之一，其富含维生素 A、维生素 C 和维生素 D，并大大超过其他陆生动物的含量。

（三）药用价值

淡水小龙虾肉的蛋白质少，但含有较多的原肌球蛋白和副肌球蛋白。因此，食用淡水小龙虾，具有补肾、壮阳、滋阴、健胃的功效，对提高运动耐力也很有意义。淡水小龙虾的甲壳比其他虾壳更红，这是由于淡水小龙虾比其他虾类含有更多的铁、钙、锰和胡萝卜素。钙和锰都是与机体神经系统和肌肉的兴奋性有关的元素，血清钙含量下降可使神经和肌肉的兴奋性增高，锰对中枢神经有调节作用。因此，淡水小龙虾应属营养保健、食疗食补之佳品。淡水小龙虾的壳和肉一样对人体健康很有利，它对多种疾病有疗效。将蟹、虾壳焙成粉末，可治疗神经痛、风湿、小儿麻痹、癫痫、胃病及妇科病等；美国已经在利用淡水小龙虾壳制造止血药。

（四）饵料原料

小龙虾除去虾壳后，其他部分是鱼类重要的饵料来源。20世纪八九十年代，小龙虾价格相对低廉，许多河蟹养殖户往往将小龙虾当作河蟹的重要饵料来源。

（五）工业价值

目前，我国小龙虾的加工产品主要为虾仁、虾球及整肢虾，特别是虾仁、虾球的加工，留下大量的如虾头、虾壳等废弃物。研究表明：每只小龙虾的可食比例为20%～30%，剩余70%～80%的部分（主要为虾头、虾壳）可作为化学工业原料进行开发利用。其衍生的高附加值产品有近100项，转化增值的直接效益将超过上千亿元。在虾头和虾壳里，富含地球上第二大再生资源——甲壳素以及虾青素、虾红素及其衍生物。甲壳素除了具有降血脂、降血糖、降血压三项生物功能以外，大量国外医学文献报道：甲壳素具有抑制癌、瘤细胞转移，提高人体免疫力及护肝解毒作用。尤其适用于糖尿病、肝肾病、高血压、肥胖等症患者，有利于预防癌细胞病变和辅助放、化疗治疗肿瘤疾病。天然虾青素（红素）是世界上最强的天然抗氧化剂，能有效清除细胞内的氧自由基，增强细胞再生能力，维持机体平衡和减少衰老细胞的堆积，由内而外保护细胞和DNA的健康，从而保护皮肤健康，促进毛发生长，抗衰老、缓解运动疲劳、增强活力。此外，虾壳还可用于制作生物柴油催化剂，产品出口美洲、欧洲。

二、小龙虾的来源与分布

小龙虾原产于北美洲，是美国淡水虾类养殖的重要品种。1918年日本将小龙虾作为牛蛙的饵料从美国引进，并在日本大面积地繁衍和扩散。第二次世界大战期间的 1938 年，小龙虾从日本传入中国。

在我国，小龙虾起初在江苏省南京市以及郊县繁衍，随着自然种群的扩展和人类养殖活动的开展，现广泛分布于我国的新疆、甘肃、宁夏、内蒙古、山西、陕西、河南、河北、天津、北京、辽宁、山东、江苏、上海、安徽、浙江、江西、湖南、湖北、重庆、四川、贵州、云南、广西、广东、福建及台湾等 20 多个省、市、自治区。在长江中下游地区生物种群量较大。

三、小龙虾的市场前景

小龙虾历来受到欧美消费者的青睐，市场需求特别旺盛，市场前景十分广阔。小龙虾加工产品，小龙虾虾仁、整肢虾等产品出口美国、瑞典等国家和我国港澳地区，经常呈现出供不应求的态势。

小龙虾是一种世界性的食用虾类，在 18 世纪末就成为欧洲消费者的重要食品。200 多年来，小龙虾在欧美国家消费者的生活中占有越来越重要的地位，其经济价值及营养价值得到充分的认可，在有些国家甚至形成小龙虾文化。地处小龙虾产区的居民，从附近的水沟或沼泽地中捕获小龙虾供自家食用。随着欧美工业的发展，在许多人口密集区，很多饭店用小龙虾做菜，这使天然的小龙虾资源得到进一步开发，从单纯的鲜活小龙虾买卖发展为专门的小龙虾加工业。特别是 20 世纪 60 年代以来，小龙虾食品已普遍进入饭店、宾馆、超市和家庭餐桌。根据不同地区的消费习惯，已逐步形成小龙虾系列食品，目前主要有冻生龙虾肉、冻生龙虾尾、冻生整肢龙虾、冻熟龙虾虾仁、冻熟整肢龙虾肉、冻虾黄和水洗龙虾肉等。由于工业污染等原因，有些国家小龙虾野生资源减少甚至灭绝，虽然养殖业逐步发展，但仍不能满足消费需求，需从国外进口，这使得小龙虾的贸易日益得到发展。

小龙虾的适应能力强，繁殖速度快，迁徙迅速，喜掘洞，对农作物、堤埂及农田水利设施有一定的破坏性。在我国，曾长期将其视作敌害生物，至今仍让许多人忧虑。但小龙虾的掘洞能力、攀缘能力以及在陆地上的移动速度都远比中华绒螯蟹弱。从总体上来看，小龙虾作为一种水产资源，对人类而言是利多弊少，具有较高的开发价值。作为养殖品种，小龙虾有如下优势。

（1）小龙虾对环境的适应性较强，病害少，能在湖泊、池塘、河沟、稻田等多种水体中生长，养殖条件要求不高，养殖技术易于普及。

（2）小龙虾能直接将植物转换成动物蛋白，且生长速度较快，一般经过3～4个月的养殖，即可达到上市规格，因而具有较高的能量转化率。

（3）小龙虾食性杂，以摄食水体中的有机碎屑、水生植物和动物尸体为主，无须投喂特殊的饲料，不仅养殖成本低，而且生长快，产量高，效益好。

（4）小龙虾捕捞方法简单，能较长时间离水，运输方便，运输成活率高。在捕捞及产品的运输上省时、省工、费用低，养殖鱼类与之无法比拟。

（5）小龙虾味道鲜美，营养丰富，是我国城乡大众的家常菜肴，也是我国淡水产品的主要出口品种，深受国内外市场的欢迎，产品供不应求，市场前景广阔。

第二节　小龙虾繁殖技术

一、小龙虾的自然繁殖

（一）交配

小龙虾有其特殊性，雌雄虾交配前皆不蜕壳，行将交配时互相靠近，雄虾追逐雌虾，趁其不备将其掀倒，用第 2 至第 5 对步足抱紧雌虾头胸甲部，用第 1 螯足夹紧雌虾大螯，雌虾第 2 至第 5 对步足伸向前方，亦被雄虾大螯夹牢，然后两虾侧卧，生殖孔紧贴，雄虾头胸昂起，交接器插入雌虾生殖孔，用其齿状突起钩紧生殖孔凹陷处，尾扇紧紧相交。交配时两虾神态安详。交配结束后，雄虾疲乏，远离雌虾休息，而雌虾则活跃自由，不时用步足抚摸虾体各部。小龙虾交配时间长短不一，短者仅 5min，长者能达 1 小时以上，一般为 10～20min。雌虾产卵前的交配次数不定，有的交配 1 次即可产卵，有的交配 3～5 次才产卵。交配间隔短者几小时，长者 10 多天。在两虾腹部紧贴时，雄虾将乳白色透明的精荚射出，附着在雌虾第 4 和第 5 步足之间的纳精器中，卵子通过即可受精。

（二）产卵

每年春秋为小龙虾产卵季节，产卵行为均在洞穴中进行。产卵时虾体弯曲，游泳足伸向前方，不停地扇动，以接住产出的卵粒，附着在游泳足的刚毛上，卵子随虾体的伸曲逐渐产出。

产卵结束后尾扇弯曲至腹下，并展开游泳足包住它，以防卵粒散失。整个产卵过程为 10～30min。小龙虾的卵为圆球形，晶莹光亮，它不是直接粘在游泳足上，而是通过一个柄（或暂称卵柄）与游泳足相连。

刚产出的卵呈橘红色，直径为 1.5～2.5mm，随着胚胎发育的进展，受精卵逐渐呈棕褐色，未受精的卵逐渐变为混浊白色，并且脱离虾体死亡。小龙虾每次产卵 200～700 粒，也发现最多有抱 1 000 粒卵以上的抱卵亲虾。卵粒多少与亲虾个体大小及性腺发育有关。

（三）孵化

小龙虾的胚胎发育时间较长，在水温 18～20℃时，需 25～30 天，如果水温过低，孵化期最长可达 2 个月。亲虾在抱卵过程中藏于角落，尾扇弯于腹下保护卵粒。遇到惊吓时，尾扇紧抱腹部迅速爬跑，偶尔亦作短暂弹跳，避开天敌。在整个孵化过程中，亲虾的游泳足会不停地摆动，形成水流，保证受精卵孵化对溶氧的需求，同时亲虾会利用第 2、3 步足及时剔除未受精的卵及病变、坏死的受精卵，保证好的受精卵孵化的顺利进行。刚孵出的幼虾即似成虾，但体色较淡，呈淡黄绿色，尾扇并没有打开，经过 3 次蜕壳方把尾扇打开。小龙虾亲虾有护幼习性，仔虾脱膜后不会立即离开母体，仍然附着在母体的游泳足上，直到完全能够独立生活，才离开母体。刚离开母体的仔虾一般不会远离母体，在母体的周围活动，一旦受到惊吓，会立即重新附集到母体的游泳足上，躲避危险。仔虾在母体周围会生活相当一段时间才逐步离开母体营独立生活。由于雌虾有抱卵、护幼的习性，保护较好，孵化率一般都在 90％以上，加之生命力较强，故繁殖量大。

二、小龙虾的人工繁殖技术

在实际生产过程中，淡水小龙虾苗种的生产方式目前主要是土池育苗，具体形式有三种：一是利用专门的苗种繁殖池进行苗种繁殖生产，待虾苗完全离开母体后，取出虾苗投入成虾池进行养殖；二是直接在成虾池中进行苗种生产，虾苗完全脱离母体后捕出亲虾，留小虾在池中进行成虾养殖；三是针对已经养过虾的鱼池，养成成虾后捕捞成品虾时有意识地留部分成品虾在原池中作为亲虾，繁殖生产苗种后，捕出亲虾。无论采取何种方式繁殖苗种，均是采取自然交配、自然繁殖、产卵、孵化的方式，主要技术路线是：鱼池准备→亲虾的挑选（抱卵亲虾的挑选）→运输→下池→人工配种→亲虾的强化培育（抱卵亲虾的养殖管理）→抱卵亲虾的检查→抱卵量的测定→抱卵亲虾的养殖管理→孵化情况检查→孵化率测定→抱仔量的测定→产仔后的亲虾捕捞→仔虾的养殖管理→虾苗种的捕捞→成虾养殖。

（一）人工繁殖前的准备

1. 繁殖池的选择

对于专池繁育淡水小龙虾苗种的苗种池，要求选择的面积一般在 1～3 亩（1 亩≈667m²），不宜过大，具体大小视生产规模而灵活掌握。池底的淤泥厚度小于 10cm，既有深水区，也有浅水区。根据淡水小龙虾的穴居习性，池中最好有自然的土堆，有利于亲虾掘穴交配、产卵。深水区的水深要达 1m 以上，池埂宽 1.5m 以上，不渗水，土质要求为黏土，淡水小龙虾打洞后洞口不会坍塌，有方便的进排水系统，交通便利。

2. 亲虾放养前的准备

选好苗种池后，首先要进行整修，抽干池水，加固池埂，清除多余的淤泥，人工开挖深水区的沟渠，建造浅水区及必要的土堆，为淡水小龙虾的穴居提供条件。安装好防逃设施，防逃材料可以用石棉瓦、硬塑料板、水泥瓦等，因地制宜，只要能起到防逃效果即可。在亲虾入池前 15 天，每亩用 100kg 左右生石灰对水全池泼洒消毒、清野，清除敌害生物及竞争生物，杀灭病原体，同时每亩施放300～500kg 的腐熟有机物堆于四角用于培养水质，然后进水。进出水口要安装过滤设施，进出水口的过滤网的网目必须在 60 目以上，防止敌害生物、野杂鱼苗及鱼卵的进入。淡水小龙虾具有地盘性与相互残杀的习性，为了防止相互残杀，进水后必须向池中投放一定量供淡水小龙虾攀缘、栖息、躲藏的隐蔽物。隐蔽物的种类可以是茶树枝、柳树根、大树叶、竹筒、黑 PVC 管等，原则上是取材方便、价格便宜，能起到隐蔽的效果。进水后要向池中移植一定量的水生植物，尤其在池四周必须有水生植物，最好是挺水植物。池埂上的杂草不必除去，可以起到固土、保护洞穴的作用。水生植物的面积不超过繁育池的 1/2，移植水生植物时要注意其品种，有选择地进行移植，浮水植物、沉水植物、挺水植物三者均要兼顾，目前主要移植的水生植物有下列几种：水浮莲、水葫芦、槐叶萍、水芹菜、黄花水龙等浮水植物；芦苇、野茭白、慈菇、香蒲、藕等挺水植物；马来眼子菜、伊乐藻、金鱼藻、苦草、聚藻等沉水植物。必要时可在水底平铺少量的稻草、芦苇等植物的秸秆，有利于仔虾的蜕壳与躲藏。

（二）亲虾的选择与配组

淡水小龙虾的性成熟年龄在 9 月龄以上，体重一般为每尾 25～30g，雌、雄虾极易区别，从外观就可以辨别出来。雄虾的螯足相对比较粗壮有力，棘突长而明显（也有的雌虾螯足比较发达），关键是在第 5 对步足后部雄虾有 2 对钙质化硬棒，而雌虾是软条状；雄虾的生殖孔开口在第 5 步足的基部，不明显，雌虾生殖孔开口于第 3 步足的基部，是一对明显的暗色圆孔。亲虾的选择既可在当年的 8～9 月份进行，也可在翌年的 4～5 月份进行，选择前要对亲虾（主要是雌虾）成熟情况进行抽查，尽可能选择性腺发育丰满、成熟度好、腹部饱满有肉的雌虾作为亲虾。

选择亲虾的标准如下。

（1）颜色暗红或黑红色，有光泽，体表光滑无附着物。

（2）个体大，体重都要在 40g 以上，雄性个体最好大于雌性个体。

（3）雌、雄性亲虾都要求附肢齐全、无损伤，体格健壮，活动能力强。

对于外购亲虾，必须摸清它的来源、原生存环境、捕捞方法、离水时间等，运输方法要得当，在运输过程中注意不要挤压，并一直保持潮湿，避免阳光直射，尽量缩短运输时间，一般不要超过 4 小时，最好是就近购买。到达塘边后，先洒水，后连同包装一起浸入池中 1~2min，取出静放 1~2min，反复 2~3 次后，让亲虾充分吸水，排出鳃中的空气，然后才把亲虾放入繁育池中。放养时多点放养，不可集中一点放养。亲虾的放养量控制在每亩 100kg 左右，雌雄亲虾配比以 1.5∶1 为宜。

（三）亲虾的饲养管理

1. 亲虾培育

放养亲虾后，要保持良好的水质环境，定期加注新水，定期更换部分池水，有条件的可以采用微流水的方式保持水质清新。由于亲虾的性腺发育对动物性饲料的需求量较大，喂养的好坏直接影响到其怀卵量及产卵量、产苗量，因此，在亲虾的喂养过程中必须增加动物性、高营养性饵料的投入，一般每天投喂 2 次，上午一次，喂养量占全天喂养量的 30%左右，傍晚一次，占全天喂养量的 70%左右，全天总喂养量占存塘亲虾总质量的 4%~5%，喂养量还应根据天气、摄食情况及时调整。饵料品种以新鲜的螺蚬蚌肉、小杂鱼、屠宰场的下脚料为主，适当搭配一些玉米、麸皮、小麦等植物性饵料。动物性饵料要切碎，对植物性饵料要浸泡，然后沿池塘四周撒喂。各个放养点适当多喂。

在亲虾培育过程中，除控制水质、加强投喂外，还必须加强管理，每天坚持巡塘数次，检查摄食、水质、交配、产卵、防逃设施等情况，及时捞出剩余的饵料，修补破损的防逃设施，确定加水或换水时间、数量，及时补充水草及活螺蛳。对交配与产卵情况必须了如指掌，做好塘口生产的各项记录。

由于亲虾的放养时间不同，在后期管理上也有一定的差别，若是 6 月底 7 月初放养的亲虾，在 8 月下旬就应开始用虾笼捕捞部分雄虾，并同时检查雌虾的抱卵情况，逐步把雄虾捕捞完毕，到了 9 月份当幼虾离开母体后，继续用虾笼捕捉雌虾，捕到有抱卵或抱仔的雌虾要放回池中继续饲养，同时加强对幼虾的培养管理，也可捕出幼虾进行高密度、单独培养或出售或放入成虾养殖池中。若是 8~

9 月份放养的亲虾，必须考虑亲虾的越冬管理，确保其安全交配、产卵、孵化，安全越冬。

2. 亲虾越冬管理

在整个越冬期间亲虾基本不摄食，消耗很大，因此越冬前必须加强投喂，增强亲虾的体质，为安全越冬储备必需的营养，提高越冬的成活率。当水温降至 10℃以下，亲虾基本入洞穴越冬，很少出洞活动，此时应适当加深水位，保证洞中有水或潮湿，但水深不可超过洞口，比洞口略低，否则亲虾会出洞重新选择地方打洞。当亲虾基本入洞后，沿池塘四周水边铺一层薄薄的植物秸秆，如稻草、芦苇、香蒲等，一是为了保暖，二是为在亲虾越冬前产下的仔虾提供隐蔽、越冬的场所。

当水加满后，要施放肥料，保持水质的一定肥度，一般每亩施放腐熟有机肥 100kg 左右，堆于池塘四角或四周的水中。冬季水质由于受天气的影响极易变清，根据实际情况，必要时还需追施肥料，力保透明度在 30cm 左右，原因是水肥不易结冰，水中的浮游生物会多，尤其到春天，浮游生物会很快大量繁殖，仔虾一出洞就容易得到营养丰富、大小适口的天然饵料，提高仔虾的成活率。

亲虾的洞穴有两种：一种是洞口有堆宝塔状泥土封住，这种洞穴俗称"封口洞"，虾在洞中一直到春季才会出洞；另一种洞口是开放式的，虾会在洞口洞底间游走，当天气晴好、气温升高时，虾会出洞，在洞口附近活动。越冬期间遇到天气晴好、气温回升时，中午时分要在开放式洞口附近适当投喂一定量的饵料，供出洞活动的淡水小龙虾摄食，这对提高越冬的成活率十分必要。坚持每天多次巡池，观察亲虾的活动情况，在寒冷天气要及时破冰，同时要做好各项记录工作，尤其是死亡情况，对雌雄虾的个数、大小和质量等必须统计清楚，这有利于以后的喂养及对苗种量的估算。

（四）人工繁殖

淡水小龙虾苗种的繁育如下。

1. 工厂化人工繁殖

建立室内水泥池进行工厂化人工繁殖淡水小龙虾苗种，采用流水或充气结合定期换水的方法，为虾苗生长发育提供良好的环境，因此可以进行高密度育苗。可根据养殖生产所需苗种，定时提供充足的虾苗。

2. 育苗设施

工厂化育苗设施主要有室内孵化池、育苗池、供水系统、供气系统及应急供电设备等。有条件的育苗厂也可建设室内亲虾暂养池及交配池等。繁殖池、育苗池的面积一般为 12～20m²，池水深 1m 左右。建有进排水系统及供气设施，进排水管道以塑料制品为好。繁殖池及育苗池的建设规模，应根据本单位生产规模及周边地区虾苗市场需求量而定。

3. 抱卵虾放养及幼体孵化

工厂化育苗所用的亲虾可为池塘、湖泊或水库中采捕的抱卵虫下，也可选用在秋季收集的亲虾经土池强化培育后自然交配产卵的抱卵亲虾。选择抱卵虾以受精卵颜色基本一致为宜，分批孵化，保证所孵出的幼体发育基本同步，从而确保出池虾苗的规格基本一致。

可直接把抱卵虾放入孵化池中，也可放入孵化池里的网箱中，网箱的网目大小应能让虾苗直接进入孵化池中。放养量为每平方米 100 只左右。抱卵虾孵出蚤状幼体，蚤状幼体吊挂于亲虾的腹部附肢上，蜕壳后成 1 期幼虾，幼虾全长在 1cm 以内时通常由亲虾保护 1 周，因此要及时捕出产后的亲虾。幼虾分散于池的底层，营底栖生活，进行虾苗培育。也可让抱卵虾在繁殖池中集中孵化，然后将幼虾用网捕捞出后分散到育苗池中进行培育。将幼虾按每立方米水 2 万～3 万尾移到育苗池中培养。收集幼虾时可用光、流水诱捕或排水网箱收集。在收集移苗过程中动作要快、轻，以防幼虾受伤影响发育及成活率。

4. 虾苗培育

孵化后的幼虾很快开始进食，此时即可投喂饵料。饵料主要为天然浮游动物和人工饵料。天然浮游动物主要为轮虫、小型枝角类及桡足类的无节幼体，投喂可分上、下午各一次；人工饵料主要为熟鱼、蚌肉浆及颗粒饵料等，每天投喂 2～4 次。投喂量应根据幼虾活动、摄食及发育情况等来确定。在亲虾护幼期间要适当投喂成虾料，要多换水，保持良好的水环境。在整个苗种繁育过程要求 24 小时连续充气增氧。

在育苗过程中要经常观察、定期检测水质情况，并做好生产记录，便于总结经验教训。

5. 起捕分养

幼虾离开母体后，在水温 20～25℃ 的水中经 10 天以上培育，待幼虾长到 2cm 以上时即可起捕，再进行幼虾培育或直接进行成虾养殖。

6. 土池人工繁殖

淡水小龙虾土池繁育苗种成本低，可操作性强，是解决淡水小龙虾苗种来源的最佳途径。土池繁育苗种的主要任务是管理，根据淡水小龙虾个体繁殖量小、群体繁殖能力很强、整个群体分秋季和春季繁殖的特点，对苗种繁育期间的管理如下。

在秋季和春季，当水温达到 18℃ 以上，亲虾会陆续出洞，出洞的雌虾大部分是抱仔虾，也有早期抱卵、孵化后的仔虾相继离开母体独立生活，也有部分仔虾只是在母体的周围活动，一旦受到惊吓就会吸附到母体上。此时所有的仔虾活动能力均较弱，如果不能及时得到充足、适口、营养丰富的饵料，就会影响到仔虾的蜕壳，甚至会因营养不足而导致大批死亡，因此此时的管理工作显得尤为重要。

当发现亲虾出洞后（洞口有新鲜泥土表示淡水小龙虾已经开始出洞），必须适当补充一些新鲜水或更换一部分池水，加水或换水量控制在 10cm 左右，有条件的最好保持有微流水流动，力保水体中的溶氧能保证仔虾正常生长的需要。

为了保证仔虾离开母体后能及时得到充足、适口、营养丰富的天然饵料，必须适当进行追肥，每亩追施腐熟有机肥 100kg 左右，采用全池泼洒的方法，培养营养丰富的浮游生物等天然饵料，供仔虾利用。由于仔虾会陆续离开母体独立生活，数量越来越多，天然饵料无论从数量上还是营养方面都远远不能满足仔虾生长的需求，为了保证大批量仔虾生长营养的需求，此时必须投入营养价值较高的动物性人工饵料，如鱼糜。将鱼打成鱼糜或鱼浆，沿池四周进行泼洒喂养，每天 2 次，上午占日投喂总量的 40%，傍晚占 60%，日投喂量按每万尾虾 100g 鱼计。此时亲虾仍在池中，为了防止争食，在投喂鱼糜前必须先投喂一定量的亲虾料，可以是颗粒料、麸皮、麦子、玉米、切碎的鱼块或屠宰场下脚料等。日投喂量占亲虾总质量的 3%～4%，让亲虾先行吃饱，减轻亲虾与仔虾争食的程度。

在加强水质管理、天然饵料的培养、人工饵料的投喂的同时，为了防止亲虾与仔虾争夺饵料和地盘，防止亲虾吞食仔虾的现象发生，有必要把雄亲虾、没有抱仔的雌亲虾及早期离开母体而已长成规格较大的幼虾分离出来，为仔虾生长营造一个良好的环境。具体方法是采取定置地笼捕捞，选择网眼相对较大但又不卡幼虾的地笼对亲虾进行捕捞，捕捞出的亲虾若有抱卵或抱仔的，应立即放入原池中进行继续饲养，其他的可以直接上市，也可放入暂养池中强化培育，让其恢复后作为亲虾再次使用或上市（对于亲虾目前只是使用 2 年，一般不提倡使用 3 年）。捕捞出的大规格幼虾可以直接放入成虾池中进行养殖，也可以出售，不宜放回原池。在捕捞亲虾及大规格幼虾的过程中，收起地笼后一定要先剔出抱仔虾和抱卵虾，不可使其受伤，然后再处理其他的虾。若感到仔虾的密度过大，可以适当加入一定量的密眼地笼，捕出部分仔虾单独进行培育或出售。

幼虾的蜕壳频率很高，蜕壳时，为了避免受到伤害，一般先选择一个隐蔽的地方让其静卧蜕壳，而此时仔虾的密度很大，水温又低，水草及其他一些水生植物刚发芽，未到生长旺盛期，提供给仔虾蜕壳隐蔽的地方相对较少。为了仔虾能顺利蜕壳，不受到同类的伤害，提高苗种的成活率，有必要向苗种池中投入一定量的已经消过毒的人工隐蔽物。人工隐蔽物的品种有毛竹筒、深色 PVC 管、易拉罐、瓦片、石棉瓦、柳树根、棕榈树皮、茶树枝和面积相对较大的枯树叶如意杨树叶、梧桐叶等，最价廉物美、最易取到、效果也较好的人工隐蔽物是柳树根、棕榈树皮、茶树枝、意杨树叶、梧桐叶，在池底铺设一定量的植物秸秆也能起到较好的效果。铺设好人工隐蔽物后，要密切注意水质的变化，一旦发现水质变坏（尤其是铺设植物秸秆的，水质变化很快），必须及时进行换水，始终保持一个良好的水质环境。

7. 成虾养殖池繁育苗种

（1）池塘的准备。在投放亲虾前，应对池塘进行清洁和整修，清除多余的淤泥，修建防逃设施，清除池埂四周的杂草，这样有利于亲虾的掘穴、交配、产卵。进行必要的清野、消毒，杀灭敌害生物及疾病源，进水时要对水进行彻底过滤，防止敌害生物及竞争生物进入，进水后要种植或移植水生植物、浮水植物、沉水植物、挺水植物，水生植物总面积要占全池面积的 2/3 左右，同时还要增设一定量的人工隐蔽物。初次进水的深度要稍高，保持在 1m 以上，适当施放部分基肥，一般每亩施放腐熟有机肥 200kg 左右。

（2）亲虾的投放。亲虾的投放要在晴天的早上进行，避免阳光直射，要注意分散、多点投放，不可集中于一点放养。投放外购亲虾前必须让亲虾充分汲水后方可投放。亩投放亲虾量控制在 30kg 以下，雌雄比为 (1.5：1) ～ (2：1)，也可直接投放抱卵亲虾，亩投放量控制在 20kg 左右，适当搭配 5% 数量的雄虾，防止抱卵虾经过搬动后受精卵脱落，放养雄虾可以再次交配、产卵。也有在前一年养殖的基础之上有意识地留下部分成虾不捕，作为亲虾在池中饲养后繁育苗种，关键是留下的量要估算准确。在通常情况下，规格为 25～30 尾/kg 的一只淡水小龙虾可产受精卵 150～300 粒，在土池中孵化率一般为 40％～60％。因此，一只淡水小龙虾能产幼虾60～100尾，养殖产量 200～300kg/亩的苗种放养量为 15 000～20 000尾/亩。

在推算留塘亲虾时，可以用以下公式计算：

亩放亲虾质量＝（20 000×2）÷（60×25）＝26.67（kg）

（3）管理。投放亲虾后，必须加强动物性饵料的投喂，保证亲虾繁殖的营养需求。经过 7～10 天精心饲养，亲虾会逐步掘穴交配产卵，一旦大部分亲虾进洞后，可慢速排出部分池水，水深控制在 60cm 左右。在加强投喂的同时，要经常检查亲虾的抱卵情况，做到心中有数，并适时追肥培育水质，使早期繁殖后离开母体的仔虾能及时、充分得到适口的、营养丰富的天然饵料。当发现亲虾大量抱卵或有一定量的仔虾时，要及时捕出雄亲虾及产过苗的雌亲虾，尽量减少存塘量，为抱卵虾的受精卵孵化及离开母体的仔虾生长提供一个良好的环境。

至 11 月份气温逐步降低，大量的亲虾及大规格的幼虾已陆续进洞，有的洞口甚至已经用泥土封死（整个越冬期间是不打开的），此时应逐步把池水加深，直到加至比淡水小龙虾的洞口稍低的部位，力保淡水小龙虾洞中有一定的水位或相对较潮湿。冬季气温高时仍有部分淡水小龙虾出洞，在洞口附近活动，可适当投喂一定量的饵料供其食用，日投喂量可视摄食情况、天气状况、气温的高低灵活掌握，并及时调整。通常在天气晴好、气温高时的下午投喂，投喂地点选在四周（中间土堆的四周）洞穴较多的地方。

在冬季，水生植物已基本枯萎死亡，为了让离开母体又不能掘穴的仔虾有隐蔽场所，能安全越冬，有必要在池塘四周水边铺设一定量的植物秸秆，如稻草、麦秆、芦荟、香蒲等，往池中投放一定量的茶树枝、意杨树（或梧桐）叶、柳树根、棕榈皮等仔虾喜欢去隐蔽的人工材料。投放量根据仔虾量而定，但总面积一般不超过池面积的 1/2。

在春季当水温回升到 10℃以上并相对稳定时，就会有淡水小龙虾离开洞穴出来活动，此时越冬后的幼虾也已开始摄食，为了保证淡水小龙虾能安全快速生长，必须提供足够的营养。由于经过一个长长的越冬期，无论是抱仔亲虾，还是离开母体的仔虾及幼虾，体质均十分虚弱，必须摄取大量的食物来恢复体质，因此在这段时间淡水小龙虾摄食相对较为旺盛，尤其对动物性饵料的需求量较大，投喂时必须增加动物性饵料（如鱼糜、螺、蚬、蚌肉、屠宰场下脚料等）投喂比例。为了保持营养均衡，植物性饵料（如豆浆、麸皮、小麦、玉米、菜饼等）也是必不可少的，喂养同时要考虑到大小虾仍处于一个池，为了防止争食，必须先投喂颗粒状大的虾料，让大虾先行吃饱后再投喂仔虾及幼虾料。

开春后另外一项重要的工作，是经常检查仔虾离开母体的情况。一旦发现有部分仔虾离开母体，必须做好产后亲虾的捕捞工作。在捕捞亲虾的同时，根据捕获的雌亲虾数量，测算出存塘仔虾的数量，通常按每只雌亲虾产200～250只仔虾测算。若在捕亲虾时发现仔虾及幼虾数量过多（超过计划放养量），可以在捕亲虾的同时捕出多余的仔虾和幼虾单独培养或出售，既可以创造一定的收入，又可以减轻存塘的压力，不至于影响整体稚仔及幼虾的生长，更不至于影响对成虾的饲养、管理。

第三节　虾稻连作技术

虾稻连作，是指在稻田里种植一季水稻后，接着饲养一季小龙虾。操作要领是，在当年的8～9月，中稻收割前，在稻田里投放小龙虾亲本；或在9～10月，中稻收割后投放幼虾（即虾种），第二年的4月中旬至5月下旬收获成虾后，再整理田块、播种水稻，这是一个循环连续的过程。

我国是农业大国，提高农业生产效率、增加农民人均收入是发展现代农业、建设美丽中国的时代主题。同时，随着我国人口的不断增长、耕地面积的基本稳定、工业化和城镇化的逐步推进、规模化和集约化的生产方式转变，粮食安全、食品安全和生态安全成为全体国民高度关注的焦点。

发展稻田综合种养可以充分利用有限的稻田资源，将水稻、水产两个农业产业有机结合，通过资源循环利用，减少农药用量，达到水稻、水产品同步增产，渔民、农民收入持续增加的目的，从而实现"1＋1＝5"的良好效果，即"水稻＋水产＝粮食安全＋食品安全＋生态安全＋农业增效＋农民增收"。

近年来，一批以特种经济品种为主导，以标准化生产、规模化开发、产业化经营为特征的稻田综合种养新模式不断涌现，在经济、社会、生态等方面取得显著成效，得到了种稻农民的积极响应。稻田养殖小龙虾就是稻田综合种养的典型代表之一。

稻田养殖小龙虾，是利用水稻的浅水环境，加以人工改造，既种稻又养虾，立体综合种养，以提高稻田复种指数和单位面积经济效益的一种生产形式。稻田饲养小龙虾可为稻田除草、除害虫，少施化肥、少喷农药，稻谷的秸秆可以作为小龙虾的饵料，既增加了小龙虾的产量，又有效解决了秸秆焚烧造成的环境污染，还可增加水稻产量 8%～10%，同时每亩能增产小龙虾 80～200 千克。

稻田养虾由低级到高级有三种模式即虾稻连作（一稻一虾，稻虾轮作）、稻虾共作（一稻两虾，虾稻一体，强调人为作用）和虾稻共生（一稻两虾，虾稻一体，强调自然状态）。

一、稻田工程建设

（一）稻田的选择

选择水质良好、水量充足、周围没有污染源、保水能力较强、排灌方便、不受洪水淹没的田块进行稻田养虾，面积少则 10 亩，多则 100 亩、1000 亩均可，面积宜大不宜小，主要意图是扩大小龙虾生存空间和便于机械化作业。

（二）田间工程建设

养虾稻田田间工程建设包括田埂加宽、加高、加固，进排水口设置过滤、防逃设施，环形沟、田间沟的开挖，安置遮荫棚等工程。沿稻田田埂内侧四周开挖环形养虾沟，沟宽 2.0～3.0m，深 0.8m，田块面积较大的，还要在田中间开挖"十"字形、"井"字形或"日"字形田间沟，田间沟宽 0.5～1m，深 0.5m，环形虾沟和田间沟面积约占稻田面积的 3%～6%。利用开挖环形虾沟和田间沟挖出的泥土加固、加高、加宽田埂，平整田面，田埂加固时每加一层泥土都要进行夯实，以防以后雷阵雨、暴风雨时田埂坍塌。田埂顶部应宽 2m 以上，并加高 0.5～1m。排水口要用铁丝网或栅栏围住，防止小龙虾随水流而外逃或敌害生物进入。进水口用 20 目的网片过滤进水，以防敌害生物随水流进入。进水渠道建在田埂上，排水口建在虾沟的最低处，按照高灌低排格局，保证灌得进，排得出。

二、放养前的准备

（一）清沟消毒

放虾前 10～15 天，清理环形虾沟和田间沟，除去浮土，修正垮塌的田埂护坡。每亩稻田环形沟用生石灰溶液 20～50kg，或选用漂白粉溶液 3kg，对环形沟和田间沟进行彻底清沟消毒，杀灭野杂鱼类、敌害生物和致病菌。

（二）施足基肥

放虾前 7～10 天，在稻田环形沟中灌水 30～40cm，结合整田过程，每亩施用经过发酵的猪粪、牛粪等有机农家肥 300～500kg，均匀施入稻田中。农家肥虽然肥效慢，但有效期长，施用后对小龙虾的生长有利，一方面肥料中的有机质可以直接作为小龙虾的食物；另一方面有机肥可以松动土壤促进水稻和底栖动物的生长，还可以减少后期施用追肥的次数和数量，因此，稻田养小龙虾建议多施农家肥，一次施足，长期见效。

（三）移栽水生植物

在稻田环形沟里移栽伊乐藻、轮叶黑藻、金鱼藻、马来眼子菜等沉水性水生植物，在沟坡边种植蕹芯菜，在水面上浮植水葫芦、凤眼莲等。特别是伊乐藻，俗名"吃不败"，生命力强，在水里生长，如果枝叶露出水面，就会导致整个草株腐烂，水质也会立即变坏。保持伊乐藻一年四季不败的绝招是，当草株长到一定长度时，就要用锯齿草刀从草株根部刈割一次，打捞上岸，用作饵料，这样伊乐藻就会继续生长，永葆不败。为了保持光照和提升水温，要控制水草的面积，一般水草占环形沟面积的 40%～60%，以零星点状分布为好，不可聚集成一片，这样有利于虾沟的水流畅通、小龙虾的分散活动和觅食。

（四）过滤及防逃

进、排水口要安装竹箔、铁丝网及网片等防逃、过滤设施，严防敌害生物进入或小龙虾随水流逃逸。

三、虾种的放养

（一）放种虾模式

在当年的 7～8 月，中稻收割之前 1 个月，将挑选的个体在 30g/只以上的亲虾投放在稻田的环形沟里，密度为每亩 20～30kg，雌雄比例 2：1。以亲虾繁殖的幼虾作为第二年稻田的全部虾种。亲虾投放后不必投喂，它可自行摄食稻田中的有机碎屑、浮游动物、水生昆虫、周丛生物和水草等。在这种模式中，亲虾的选择很重要。选择亲虾的标准：①颜色暗红或黑红色、有光泽、体表光滑无附着物；②个体大，雌、雄性个体重都要在 30g 以上，雄性个体大于雌性个体；③附肢齐全、无损伤，体格健壮、活动能力强；④亲虾捕捞及运输离水时间短，长时间脱水成活率高。

（二）放幼虾模式

当年的 10～11 月，在中稻收割之后，先用木桩在稻田中营造若干个 10～20cm 深的人工洞穴，然后立即灌水 10～20cm，以能浸泡稻草茬为宜。再往稻田中投施腐熟的农家肥，每亩投施量为 200～

300kg，均匀地投撒在稻田中，没于水下。待水质培肥后，肉眼可见田沟水体中出现大量的浮游动物，这时才是投放幼虾的最佳时机。往稻田环形沟中投放离开母体、规格为 250～500 只/kg 的幼虾 1.0万～1.5 万尾。投放幼虾的技巧是，事先在稻田的环形沟底部铺设若干块面积为 3～4m² 的小网目网片，网片上移入水草团，将幼虾轻轻倒在草团上，让幼虾自行爬入水草中，并把饵料投放在水草上，使幼虾就近尽早开口摄食。1～2 天后，移开水草，轻轻取出铺垫的网片，可以初步预测幼虾的成活率。

在天然饵料生物匮乏时，可适当投喂一些鱼肉糜、绞碎的螺蚌肉、动物屠宰场和食品加工厂的下脚料、水草、莴苣叶、豆渣等，也可人工捞取枝角类、桡足类浮游动物，每亩日可投 1kg 左右。饵料一般投在稻田沟边的水里或水草上，沿边呈多点块状分布。

以上两种放养模式，要求稻田中尽可能多地留置稻草废弃物，并呈多点浸抠堆积没于水下。整个秋冬季，注重投肥，培肥水质。一般每个月施一次腐熟的农家粪肥。直到天然饵料生物丰富时，即可不投饵料。当水温低于 12℃时，小龙虾进入越冬期，也不必投喂。冬季小龙虾进入洞穴中越冬，到第二年的 2～3 月，水温升高，小龙虾从洞穴中出来进入田中觅食，这时要抓紧时机，加强投草、投饵、投肥，培养丰富的饵料生物。一般每隔 15 天投一次水草，每亩200～250kg，每个月投一次发酵的猪粪、牛粪，100～150kg。在 4月中旬水温升高到 20℃以上时，应加大投食量，以促进小龙虾快速生长。每日还应适当投喂一次人工饲料，以加快小龙虾的生长。可用的饵料有饼粕、谷粉、砸碎的螺、蚌及动物屠宰场的下脚料等，投喂量以稻田存虾重量的 3%～8% 加减，傍晚投喂。还可以投喂专业厂家生产的小龙虾专用饵料。捕捞时间从 4 月中旬开始，用地笼捕虾，捕大留小，一直持续到 6 月初，中稻播种季节到来时，排干稻田积水，捕获全部小龙虾。整田插秧，进入下一个种养轮回。

四、田间管理

每天早、晚坚持巡田，观察沟内水色变化和虾的活动、吃食、生长情况。田间管理的工作主要集中在水稻晒田、施肥、用药、防逃、防敌害等工作。

（一）晒田

稻谷晒田宜轻烤，不能完全将田水排干。水位降低到田面露出即可，而且时间不宜过长。晒田时小龙虾进入虾沟内，如发现小龙虾有异常反应时，要立即注水。

（二）稻田施肥

稻田基肥要施足，应以施腐熟的有机农家肥为主，在插秧前一次施入耕作层内，达到肥力持久长效的目的。追肥一般每月一次，可根据水稻的生长期及生长情况施用生物复合肥 10kg/亩，或用人、畜类堆制的有机肥，对小龙虾无不良影响。施追肥时最好先排浅田水，让虾集中到环形沟、田间沟中，然后施肥，使追肥迅速沉积于底层田泥中，被田泥和水稻吸收，随即加深田水至正常深度。

（三）水稻施药

小龙虾对许多农药都很敏感，稻田养虾的原则是能不用药时坚决不用，必须用药时应选用高效低毒的无公害农药和生物制剂。施农药时要注意严格把握农药安全使用浓度，确保虾的安全，并要求喷药于水稻叶面，尽量不喷人水中，而且最好分区用药。分区用药的含义是将稻田分成若干个小区，每天只对其中一个小区用药。一般将稻田分成两个小区，交替轮换用药，在对稻田的一个小区用药时，小龙虾可自行进入另一个小区，避免伤害。水稻施用药物，应避免使用含菊酯类和有机磷类的杀虫剂，以免对小龙虾造成危害。喷雾水剂宜在下午进行，因稻叶下午干燥，大部分药液可吸附在水稻上。同时，施药前田间加水至 20cm，喷药后及时换水。

（四）防逃、防敌害

每天巡田时检查进出水口筛网是否牢固，防逃设施是否损坏。汛期防止洪水漫田，发生逃虾的事故。巡田时还要检查田埂是否有漏洞，防止漏水和逃虾。

稻田饲养小龙虾，其敌害较多，如蛙、水蛇、黄鳝、肉食性鱼类、水老鼠和一些水鸟等，除放养前彻底用药物清除外，进水口要用 20 目纱网过滤；平时要注意清除田内敌害生物，有条件的可在田边设置一些彩条或稻草人，恐吓、驱赶水鸟。

五、收获与效益

稻田饲养小龙虾，只要一次放足虾种，经过 2～3 个月的饲养，就有一部分小龙虾能够达到商品规格。长期捕捞、捕大留小是降低成本、增加产量的一项重要措施。将达到商品规格的小龙虾捕捞上市出售，未达到规格的继续留在稻田内养殖，降低稻田中小龙虾的密度，促进小规格的小龙虾快速生长。

在稻田捕捞小龙虾的方法很多，可采用虾笼、地笼网和抄网等工具进行捕捞，最后可采取干田捕捞的方法。在 4 月中旬至 5 月下旬，采用虾笼、地笼网起捕，效果较好。下午将虾笼和地笼网置于稻田虾沟内，第二天清晨起笼收虾。最后在整田插秧前排干田水，将虾全部捕获。

第四节　虾稻共作技术

虾稻共作模式是在"虾稻连作"基础上发展而来的，"虾稻共作"变过去"一稻一虾"为"一稻两虾"，延长了小龙虾在稻田的生长期，实现了一季双收，在很大程度上提高了养殖产量和效益。此外，"虾稻共作"模式还有很大延伸发展空间，如"虾鳖稻""虾蟹稻""虾鳅鱼稻"等养殖模式。不仅提高了稻田的复种指数，增加了单位面积土地的产出，而且拓宽了农民增收渠道，激发了农民种粮积极性。

虾稻共作是一种种养结合的养殖模式，即在稻田中养殖小龙虾并种植一季中稻，在水稻种植期间小龙虾与水稻在稻田中同生共长。具体地说，就是每年的8～9月中稻收割前投放亲虾，或9～10月中稻收割后投放幼虾，第二年的4月中旬至5月下旬收获成虾，同时补投幼虾，5月底、6月初整田、插秧，8～9月收获亲虾或商品虾，如此循环轮替的过程。

一、稻田环境条件

（一）稻田要求

养虾稻田应是生态环境良好，远离污染源，黏土壤土土质，保水性能好的稻田。交通便利、水源充足、排灌方便、不受洪水淹没。面积宜大不宜小，一般以50～100亩为宜。

（二）稻田改造

（1）挖沟。沿稻田田埂外缘向稻田内7～8m处，开挖环形沟，堤脚距沟2m开挖，沟宽3～4m，沟深1～1.5m。稻田面积达到100亩的，还要在田中间开挖"十"字形田间沟，沟宽1～2m，沟深0.8m。

（2）筑埂。利用开挖环形沟挖出的泥土加固、加高、加宽田埂。田埂加固时每加一层泥土都要进行夯实，以防渗水或暴风雨使田埂坍塌。田埂应高于田面0.6～0.8m，埂宽5～6m，顶部宽2～3m。

（3）防逃设施。稻田排水口和田埂上应设防逃网。排水口的防逃网应为8孔/厘米（相当于20目）的网片，田埂上的防逃网应用水泥瓦作材料，防逃网高40cm。

（4）进排水设施。进、排水口分别位于稻田两端，进水渠道建在稻田一端的田埂上，进水用20目的长型网袋过滤进水，防止敌害生物随水流进入。排水口建在稻田另一端环形沟的低处。按照高灌低排的格局，保证水灌得进，排得出。

（5）移栽植物和投放有益生物。虾沟消毒3～5天后，在沟内移栽水生植物，如轮叶黑藻、马来眼子菜、水花生等，栽植面积控制在环形沟面积的 40％左右。在虾种投放前后，沟内再投放一些有益生物，如水蚯蚓（投 0.3～0.5kg/m²）、田螺（投 8～10 个/m²）、河蚌（放 3～4 个/m²）等，既可净化水质，又能为小龙虾提供丰富的天然饵料。

二、养殖模式

(一) 投放亲虾养殖模式

每年的 8 月底至 9 月初，对于初次养殖的稻田，往稻田的环形沟和田间沟中投放亲虾，每亩投放规格为 80g/只左右的亲虾 20～30kg。对于前一年已养过小龙虾的稻田，因为田里还留有些郎种，母田只需投放 5～10kg 亲虾进行补充。具体应该做到以下几点。

（1）亲虾的选择。按亲虾的标准进行选择，参考虾稻连作模式。

（2）亲虾来源。亲虾应从养殖场和天然水域挑选。

（3）亲虾运输。挑选好的亲虾用不同颜色的塑料虾筐按雌雄分装，每筐上面放一层水草，保持潮湿，避免太阳直晒和长时间风干脱水，运输时间不宜超过 8 小时，时间越短越好。

（4）种植水草。亲虾投放前，环形沟和田间沟应移植 40％～60％面积的漂浮植物。

（5）亲虾投放。亲虾按雌、雄性比（2～3）∶1 投放。投放时将虾筐反复浸入水中 2～3 次，每次 1～2min，使亲虾适应水温，然后投放在环形沟和田间沟中。

(二) 投放幼虾养殖模式

投放幼虾模式有两种，一是 9～10 月投放人工繁殖的虾苗，每亩投放规格为 2～3cm 的虾苗 1.5 万尾左右。二是在 4～5 月投放人工培育的幼虾，每亩投放规格为 3～4cm 的幼虾 1 万尾左右。

三、饲养管理

(一) 投饵

8 月底投放的亲虾除自行摄食稻田中的有机碎屑、浮游动物、水生昆虫、周丛生物和水草等天然饵料外，宜少量投喂动物性饵料，每日投喂量为亲虾总重的1‰。12月前每月宜投一次水草，施一次腐熟的农家肥，水草用量为150kg/亩，农家肥用量为每亩100～150kg。每周宜在田埂边的平台浅水处投喂一次动物性饲料，投喂量一般以虾总重量的2‰～5‰为宜，具体投喂量应根据气候和虾的摄食情况调整。当水温低于12℃时，可不投喂。第二年3月份，当水温上升到16℃以上时，每个月投两次水草，施一次腐熟的农家肥，水草用量为100～150kg/亩，农家肥用量为50～100kg/亩，每周投喂一次动物性饲料，用量为0.5～1.0kg/亩。每日傍晚还应投喂一次人工饲料，投喂量为稻田存虾重量的1‰～4‰。可用的饲料有饼粕、麸皮、麦糠、豆渣等。

（二）经常巡查，调控水深

11～12月保持田面水深30～50cm，随着气温的下降，逐渐加深水位至40～60cm。第二年3月水温回升时用调节水深的办法来控制水温，促使水温更适合小龙虾的生长。调控的方法是：晴天有太阳时，水可浅些，让太阳晒水以便水温尽快回升；阴雨天或寒冷天气，水应深些，以免水温下降。

（三）防止敌害

稻田的肉食性鱼类（如黑鱼、鳝鱼、鲶鱼等）、老鼠、水蛇、蛙类及各种鸟类和水禽等均能捕食小龙虾。为防止这些敌害动物进入稻田，要求采取措施加以防备，如对肉食性鱼类，可在进水过程中用密网拦滤，将其拒于稻田之外；对鼠类，应在稻田埂上多设些鼠夹、鼠笼加以捕猎或投放鼠药加以毒杀；对付蛙类的有效办法是在夜间加以捕捉；对付鸟类、水禽等的主要办法是进行驱赶。

四、水稻栽培

（一）水稻品种选择

养虾稻田一般只种一季中稻，水稻品种要选择叶片开张角度小，抗病虫害、抗倒伏且耐肥性强的紧穗型品种。

（二）稻田整理

稻田整理时，田间还存有大量小龙虾，为保证小龙虾不受影响，建议一是采用稻田免耕抛秧技术，所谓"免耕"，是指水稻移植前稻田不经任何翻耕犁耙。二是采取围埂办法。即在靠近虾沟的田面，围上一圈高 30cm，宽 20cm 的土埂，将环形沟和田面分隔开，以利于田面整理。要求整田时间尽可能短，以免沟中小龙虾因长时间密度过大而造成不必要的损失。

（三）施足基肥

对于养虾一年以上的稻田，由于稻田中已存有大量稻草和小龙虾，腐烂后的稻草和小龙虾粪便为水稻提供了足量的有机肥源，一般不需施肥。而对于第一年养虾的稻田，可以在插秧前的 10～15天，亩施用农家肥 200～300kg，尿素 10～15kg，均匀撒在田面并用机器翻耕耙匀。

（四）秧苗移植

秧苗一般在 6 月中旬开始移植，采取浅水栽插、条栽与边行密植相结合的方法，养虾稻田宜推迟 10 天左右。无论是采用抛秧法还是常规栽秧，都要充分发挥宽行稀植和边坡优势技术，移植密度以 30cm×15cm 为宜，以确保小龙虾生活环境通风透气性好。

五、稻田管理

（一）水位控制

稻田水位控制的基本原则是平时水沿堤，晒田水位低，虾沟为保障，确保不伤虾，种、养用水相互兼顾。具体做法是，当年 3 月，为提高稻田内水温，促使小龙虾尽早出洞觅食，稻田水位一般控制在 30cm 左右；4 月中旬以后，稻田水温已基本稳定在 20℃以上，为使稻田内水温始终稳定在 20～30℃，以利于小龙虾生长，避免提前硬壳老化，稻田水位应逐渐提高至 50～60cm；越冬期前的 10～11

月，稻田水位以控制在 30cm 左右为宜，这样既能够让稻茬露出水面 10cm 左右，使部分稻茬再生，又可避免因稻茬全部淹没水下，导致稻田水质过肥缺氧，而影响小龙虾的生长；越冬期间，要适当提高水位进行保温，一般控制在 40～50cm。

（二）合理施肥

为促进水稻稳定生长，保持中期不脱力，后期不早衰，群体易控制，在发现水稻脱肥时，建议施用既能促进水稻生长，降低水稻病虫害，又不会对小龙虾产生有害影响的生物复合肥（具体施用量参照生物复合肥使用说明）。其施肥方法是：先排浅田水，让虾集中到环形沟中再施肥，这样有助于肥料迅速沉淀于底泥中并被田泥和禾苗吸收，随即加深田水至正常深度；也可采取少量多次、分片撒肥或根外施肥的方法。严禁使用对小龙虾有害的化肥，如氨水和碳酸氢铵等。

（三）科学晒田

晒田总体要求是轻晒或短期晒，即晒田时，使田块中间不陷脚，田边表土不裂缝和发白。田晒好后，应及时恢复原水位，尽可能不要晒得太久，以免导致环形沟小龙虾密度因长时间过大而产生不利影响。

六、收获与效益

（一）成虾捕捞

（1）捕捞时间。第一季捕捞时间从 4 月中旬开始，到 5 月中下旬结束。第二季捕捞时间从 8 月上旬开始，到 9 月底结束。

（2）捕捞工具。捕捞工具主要是地笼。地笼网眼规格应为 2.5～3.0cm，保证成虾被捕捞，幼虾能顺利通过网眼。成虾规格宜控制在 30g/尾以上。

（3）捕捞方法。虾稻共作模式中，成虾捕捞时间至为关键，为延长小龙虾生长时间，提高小龙虾规格，提升小龙虾产品质量，一

般要求小龙虾达到最佳规格后才开始起捕。起捕方法：采用网目
2.5～3.0cm的大网口地笼进行捕捞。开始捕捞时，不需排水，直接
将虾笼布放于稻田及虾沟之内，隔几天转换一个地方，当捕获量渐
少时，可将稻田中水排出，使小龙虾落入虾沟中，再集中于虾沟中
放笼，直至捕不到商品小龙虾为止。在收虾笼时，应对捕获到的小
龙虾进行挑选，将达到商品规格的小龙虾挑出，将幼虾马上放入稻
田，并勿使幼虾挤压，避免弄伤虾体。

（二）幼虾补放

第一茬捕捞完后，根据稻田存留幼虾情况，每亩补放3～4cm幼
虾1000～3000尾。

（1）幼虾来源。从周边虾稻连作稻田或湖泊、沟渠中采集。

（2）幼虾运输。挑选好的幼虾装入塑料虾筐，每筐装重不超过
5kg，每筐上面放一层水草，保持潮湿，避免太阳直晒，运输时间应
不超过1小时，运输时间越短越好。

（三）亲虾留田

由于小龙虾人工繁殖技术还不完全成熟，目前还存在着头苗难、
运输成活率低等问题，为满足稻田养虾的虾种需求，在8～9月成虾
捕捞期间，前期是捕大留小，后期应捕小留大，目的是留足下一年
可以繁殖的亲虾，亲虾存田量每亩不少于15～20kg。

第五节　虾鳖鱼稻综合种养技术

虾鳖鱼稻综合种养技术是在鳖稻共作基础上发展起来的。所不
同的是，在这种模式中的鳖是主养对象，而小龙虾、鲢鳙是配养对
象。鳖是肉食性，习惯于水底生活。小龙虾是杂食性，白天多隐藏
在水中较深处或隐蔽物中，很少出来活动，傍晚太阳下山后开始活
跃起来，多聚集在浅水边爬行觅食。主要配养鲢鳙鱼，它们生活在
水体的上层，通常用鳃耙滤食水中浮游动物和浮游植物。虾鳖鱼混

养就是利用它们在食物上和空间上的互补性，使有限的水体资源发挥最大的生产潜力。养鳖对养小龙虾和鱼类的有益作用表现在以下几点。

①鳖对水体有增氧作用。鳖用肺呼吸，必须经常浮到水面上伸出头部进行呼吸。它从水底到水面的往返运动，增强了上下水层的垂直循环，使表层的过饱和溶氧扩散到底层，弥补了水中溶氧量的不足。同时，底层的废气也由于鳖在底层爬行或上下运动而被带到水面逸出，减少了有毒气体的危害。

②净化水质。鳖在水底层活动，能加速池底淤泥中有机物的分解，使水质变肥，既起到降低有机物耗氧和缓解水质变化的作用，又有利于小龙虾和鱼类的生长。

③提高了饵料利用率。在鳖饲养过程中，一些有机废弃物，如残余饵料、粪便沉入池底，会污染水质。在混养条件下，小龙虾和鲢鳙鱼不仅可直接摄食这些残饵和粪便，而且这些有机物还能为水体施肥，使浮游生物和底栖动物大量繁殖，也间接为鳖、小龙虾和鱼提供了鲜活饵料。

④减少了虾病鱼病。虾鳖鱼混养后，一些得病的鱼虾和死亡的鱼虾成了鳖的喜好饵料。这样，也就阻止了病原体的扩散和传播，切断了虾病鱼病的根源。所以，养鳖稻田的小龙虾个大膘肥产量高，市场价格好。

一、稻田准备

养虾稻田环境条件与虾稻共作基本相同，所需改进的主要有以下几点。

(一) 建立鳖虾防逃设施

防逃设施可使用网片、石棉瓦和硬质钙塑板等材料结合网片建造，其设置方法是，将石棉瓦或硬质钙塑板埋入田埂泥土中 20～30cm，露出地面高 50～60cm，然后每隔 80～100cm 处用一木桩固定。稻田四角转弯处的防逃墙要做成弧形，以防止鳖沿夹角攀爬外逃。在防逃墙外侧约 50cm 左右处用高 1.2～1.5m 的密眼网布围住稻田四周，主要作用是防盗，能较好地远距离钩钓，还可以起到第二次防止鳖外逃的作用。

（二）完善进排水系统

稻田应建有完善的进水、排水系统，以保证稻田旱不干雨不涝。进水、排水系统建设要结合开挖环形沟综合考虑，进水口和排水口必须成对角设置。进水口建在田埂上；排水口建在沟渠最低处，由 PVC 弯管控制水位，要求能排干所有水。与此同时，进水、排水口要用铁丝网或栅栏围住，以防养殖动物逃逸。也可在进出水管上套上防逃筒，防逃筒用钢管焊成，以最小的鳖不能自由穿过为标准在钢管上钻若干个排水孔，使用时套在排水口或进水口管道上即可。

（三）搭建晒背台、晒饵料台

晒背台是鳖生长过程中的一种特殊生理要求，既可提高鳖体温促进生长，又可利用太阳紫外线杀灭体表病原，提高鳖的抗病力和成活率。晒背台和饵料台可以合二为一，具体做法是：在田间沟中每隔 10m 左右设一个饵料台，台宽 0.5m，长 2m，饵料台长边一端在埂上，另一端倾斜入水中 10cm 左右，饵料投放在饵料台进水端，不可浸入水中。

（四）田间沟消毒

按照虾鳖稻共生养殖要求开挖环形沟、"十"字形田间沟或"井"字形田间沟，占稻田面积的 8%～12%。单个田块面积小时需挖沟的相对面积就大。在苗种投放前 10～15 天，每亩沟面积用生石灰 100kg 带水进行消毒，以杀灭沟内敌害生物和致病菌，预防虾、鳖、鱼疾病的发生。

（五）移入水生动植物

田间沟消毒 3～5 天后，在沟内移栽轮叶黑藻、伊乐藻、蕹菜、水花生等，种植面积占环形沟面积的 25% 左右，既可为小龙虾提供食物，还可为虾、鳖、鱼提供嬉戏、遮阴和躲避的场所。

在虾种投放前后，田间沟内需投放一些有益生物，如螺、蚬和水蚯蚓等。投放时间一般在 4 月。每亩田间沟可投放湖螺、蚬 150～200kg，既可净化水质，又能为小龙虾和鳖提供丰富的天然饵料。

二、水稻栽培及管理

（一）水稻品种选择

小龙虾稻田，选择种一季稻或两季稻均可。水稻应选茎秆坚硬、抗倒伏、抗病虫害、耐肥性强、米质优、可深灌、株型适中的高产优质紧穗型品种，尽可能减少在水稻生长期对稻田施肥和喷洒农药的次数，确保虾鳖在适宜的环境中健康生长。

（二）稻田整理

在对稻田进行犁耙翻动土壤、清除杂草、固埂护坡时，田间还存有大量的虾和鳖，使用农具容易对它们造成伤害。为保证它们不受影响，建议一是采用稻田免耕抛秧技术，所谓"免耕"，是指水稻移植前稻田不经任何翻耕犁耙直接播撒秧苗；二是采取围埂办法，即在靠近虾沟的田面，围上一圈高 30cm，宽 20cm 的土埂，将环形沟和田面分隔开，以利于田面整理。整理时间尽可能短，以免沟中虾和鳖因长时间密度过大、食物匮乏而造成病害和死亡。

（三）基肥与追肥

稻田施肥的要求是重施基肥，轻施追肥，重施有机肥，轻施化学肥。对于养虾一年以上的稻田，由于稻田中腐烂的稻草和小龙虾的粪便为水稻提供了足量的有机肥源，一般不需施肥或少施肥。而对于第一年养小龙虾的稻田，可以在插秧前的 10～15 天，每亩施用农家肥 200～300kg，尿素或复合肥 10～15kg，均匀撒在田面并用农机具翻耕均匀。

为促进水稻健康生长，保持中期不脱肥、晚期不早衰、田块易控制，在发现水稻脱肥时，能及时施用既能促进水稻生长、降低水稻病虫害，又不会对小龙虾和鳖产生有害影响的生物肥料。

其施肥方法是：先排浅田水，让虾鳖鱼集中到环形沟中再施肥，这样有助于肥料迅速沉淀于底泥中并被田泥和禾苗吸收，随即加深田水至正常深度。也可采取少量多次、分片撒肥或根外施肥的方法进行追肥。严禁使用对鳖、虾、鱼有害的化肥，如氨水和碳酸氢铵等。

（四）秧苗移栽

秧苗一般在 6 月中旬开始移植，采取浅水栽插，宽窄行距交替。无论是采用抛秧法还是常规插秧法，都要发挥好宽行稀植和边坡优势，宽行行距 30～40cm，窄行行距 15～20cm，株距 18～20cm，以确保幼鳖、虾、鱼生活环境通风透气和采光性好。

（五）水位控制

稻田水位控制要做到，既方便晒田，又有利于虾和鳖的生长，使它们不至于因稻田缺水而受到伤害。具体方法是，在每年 3 月，稻田水位一般控制在 30cm 左右，可以提高稻田水温，促使虾和鳖尽早结束冬眠开口摄食；4 月中旬以后，稻田水温已基本稳定在 20℃以上，为使稻田内水温始终稳定在 20～30℃，稻田水位应逐渐提升至 50cm；越冬期前的 11～12 月，稻田水位以控制在 30cm 左右为宜，这样既能够让稻蔸露出水面 10cm 左右，使部分稻蔸再生嫩芽，又可避免因稻蔸全部淹没水下腐烂，导致田水过肥缺氧，而影响稻田中饵料生物的生长。12 月底至第二年 3 月为虾和鳖的越冬期，要适当提高水位进行保温，一般控制在 40～50cm。

（六）科学晒田

晒田是水稻栽培中的一项技术措施，又称烤田、搁田、落干。即通过排水和暴晒田块，抑制无效分蘖和基部节间伸长，促使茎秆粗壮、根系发达，从而调整稻苗长势，达到增强抗倒伏能力、提高结实率和粒重的目的。养虾稻田晒田的总体要求是轻晒或短期晒，即晒田时，使田块中间不陷脚，田边表泥不裂缝发白。田晒好后，应及时恢复原水位，不可久晒，以免导致环形沟的虾、鳖、鱼密度过大、淤积时间过长而造成危害。

水稻栽培与管理和虾稻共作相同。

三、苗种的投放

（一）幼鳖投放

鳖的品种宜选择纯正的中华鳖，该品种生长快，抗病力强，品味佳，经济价值较高。要求规格整齐，体健无伤，不带病原。放养时需经消毒处理。幼鳖投放时间应由幼鳖来源而定。土池培育的幼鳖应在 5 月中下旬的晴天进行，温室培育的幼鳖应在秧苗栽插后的 6 月中下旬投放，这时稻田的水温可以稳定在 25℃左右，对鳖的生长十分有利。

（1）大规格放养密度。幼鳖规格为 250～500g/只，放养密度为 120～150 只/亩。

（2）小规格放养密度。幼鳖规格为 100～150g/只，放养密度为 250～300 只/亩。

幼鳖必须雌雄分开养殖，这样可避免幼鳖之间的撕咬打斗、自相残杀，以提高幼鳖的成活率。由于雄鳖比雌鳖生长速度快且售价更高，有条件的地方建议投放全雄幼鳖。

（二）虾种投放

虾种可以分两次进行投放。第一次是在稻田工程完工后投放虾苗，放养时间一般在 3～4 月，可投放从市场上直接收购或人工野外捕捉的幼虾，体长为 3～5cm（200～400 只/kg），投放密度为 50～60kg/亩。虾种一方面可以作为鳖的鲜活饵料，另一方面，在饵料充足的情况下，经过 40～50 天的饲养，虾种可以养成规格 25～40g/只的商品虾进入市场销售，收入十分可观。第二次放种时间在 8～10 月，以投放抱卵虾为主，投放量为 15～25kg/亩。抱卵虾经过 3 个月左右的饲养，虾苗即可自由生活，或进入冬眠期，第二年 3～4 月，稻田水温升高到 16～20℃，轮虫、枝角类动物、桡足类动物、底栖动物得到迅速繁殖，虾种从越冬洞穴出来觅食，稻田的虾种得到补充。这种投放方式最为简单易行、经济实惠。

（三）鱼种投放

每年 6 月左右秧苗成活返青后，在田间沟内放养体长为 3～5cm 白鲢夏花 80～100 尾/亩，发挥滤食性鱼类清道夫的作用，以调节水质。还可以投放鲫鱼夏花 30 尾/亩，以充分利用稻田水体空间和饵料资源。

四、饵料投喂和水稻虫害防治

鳖为偏肉食性的杂食性动物，为了提高鳖的品质，所投喂的饲料应以低价的鲜活鱼或加工厂、屠宰场下脚料为主。温室幼鳖要进行 10～15 天的饵料驯食，驯食完成后即可减少配合饵料投喂量，逐渐增加鲜活饵料的数量。幼鳖入池后 7 天后即可开始投喂，日投喂量为鳖体总重量的 5%～10%，每天投喂 1～2 次，一般以 90min 以内吃完为宜。鳖的体重可以根据放养的时间、成活率和抽样获得的生长数据推测整个田块的总重量。具体的投饵量视水温、天气、活饵等情况而定。

小龙虾和鱼类以稻田里的浮游动植物和鳖、虾的残剩饵为食，不必专门投饵。

对水稻危害最严重的是褐稻虱，幼虫会大量蚕食水稻叶子。

每年 9 月 20 日后是褐稻虱生长的高峰期，稻田里有了鳖、虾，只要将水稻田的水位提高 10cm，鳖、虾就会把褐稻虱幼虫作为饵料消灭，达到生物除虫、变害为宝、节约环保的目的。

值得借鉴的是，在稻田环形沟中间，每间隔 100m 处，安装频振杀虫灯，对趋光性害虫进行诱杀，可以为虾鳖鱼提供营养丰富的天然饵料。有条件的地方，可以选择在稻田中央竖立高度 10m 以上的水泥杆，安装较大功率的黑光灯，把较远距离的昆虫先引诱到田头，再由近水处的诱虫灯使之掉进水中，诱捕效率会大大提高，据推测，仅此一项，可节省饵料 20% 以上。

五、日常管理

（一）水位调控

越冬期满即进入 3 月，应适当降低水位，沟内水位控制在 30cm 左右，以利光照升温。当进入 4 月中旬以后，水温稳定在 20℃以上时，应将水位逐渐提高至 50～60cm，使沟内的水温始终稳定在 20～30℃之间，这样有利于鳖、小龙虾和鱼类生长，还可以避免小龙虾提前硬壳老化。5 月，为了方便耕作及插秧，可将稻田裸露出水面进行耕作，插秧时可将水位提高 10cm 左右；苗种投放后根据水稻生长和养殖品种的生长需求，可逐步增减水位。6～8 月根据水稻不同生长期对水位的要求，控制好稻田水位，原则上要求适当提高水位。鳖、小龙虾越冬前的 10～12 月，稻田水位应控制在 30cm 左右，这样可使稻蔸露出水面 10cm 左右，既可使部分稻蔸再生，又可避免因稻蔸全部淹没水下，导致稻田水质过肥缺氧，而影响鳖、小龙虾的生长。12 月到第二年 2 月鳖、小龙虾在越冬期间，可适当提高稻田水位，应控制在 40～50cm。

（二）科学晒田

晒田总体要求是轻晒或短期晒，即晒田时，使田块中间不陷脚，田边表土不裂缝和发白，以见水稻浮根泛白为适度。田晒好后，应及时恢复原水位，尽可能不要晒得太久，以免导致环形沟水生动物因长时间密度过大而产生不利影响。

（三）田块巡查和水质调控

经常检查养殖水产动物的吃食情况、查防逃设施、查水质等，做好稻田生态种养试验田与对照田的各种生产记录。

根据水稻不同生长期对水位的要求，控制好稻田水位，并做好田间沟的水质调控。适时加注新水，每次注水前后水的温差不能超过 4℃，以免虾和鳖感冒致病、死亡。高温季节，在不影响水稻生长的情况下，可适当加深稻田水位，起到保温和促进鳖生长的作用。

六、收获与效益

当水温降至 18℃ 以下时，可以停止饵料投喂。一般到 11 月中旬以后，可以将虾和鳖捕捞上市销售。收获稻田里的虾和鳖通常采用干塘法，即先将稻田的水排干，等到夜间稻田里的虾和鳖会自动从淤泥中爬出来，这时可以用灯光照射。虾和鳖遇强光照眼会静止不动，这时是徒手捕捉的好机会。最好的办法是，用木制或铁制的探耙捕捉。探耙是在耙的横杆上安装 8 根 30cm 长的耙齿。耙齿深入泥中与泥中的物体发生碰撞发出声音，通过声音感知虾和鳖的存在和大小，然后徒手捕捉或用手抄网捕起。平时有亟急需成虾和鳖时，可沿稻田埂边巡查，当虾和鳖受惊潜入水底后，水面会冒出气泡，跟着气泡的位置潜摸，即可捕捉到虾和鳖。

3～4 月放养的幼虾，经过 1～2 个月的饲养，就有一部分小龙虾能够达到商品规格，每亩可收获大规格小龙虾 60kg。将达到商品规格的小龙虾捕捞上市出售，未达到规格的继续留在稻田内养殖，降低稻田小龙虾的密度，促进小规格的小龙虾快速生长。小龙虾捕捞的方法很多，可用虾笼、地笼网、手抄网等工具捕捉，也可用钓竿钓捕或用拉网拉捕。在 5 月下旬至 7 月中旬，采用虾笼、地笼网起捕，效果较好。

一般情况下，每亩稻田可收获大规格鳖 100kg，大规格小龙虾 60kg，商品鲢鱼、鳙鱼、鲫鱼 50kg，亩增收 10000 元，纯利在 6000 元以上。

第六节 虾蟹鱼稻综合种养技术

虾蟹鱼稻综合种养技术是虾稻共作的一种拓展技术。其养殖环境条件与虾稻共作相同。虾蟹生活习性和养殖条件基本相同，但虾蟹的生长旺季不同，小龙虾主要生长时间为 4～7 月，而中华绒螯蟹的生长旺季在 5～9 月，因而相互影响较小。这种模式不但提高了稻田的综合利用率，而且有较好的经济效益。

一、稻田准备

养虾蟹鱼稻田环境条件与前面所述的虾稻共作条件相同，可参照进行。所不同的是，河蟹对稻田水草种植、水生动物引入的品种有特别的要求，俗话说"蟹多少，看水草"就是这个道理。稻田以种伊乐藻和引入湖螺为宜。

二、苗种放养

（一）蟹苗放养

选用在土池生态环境繁育的中华绒螯蟹蟹种，在 2～3 月，采取围沟圈养的方法，投放规格为 120～200 只/kg 的扣蟹，按每亩放养密度 300～400 只计算放养量。起初，蟹种应在围沟内圈养，待 5 月底 6 月初，整田灌水插秧后，再撤围散养。或在 5 月底 6 月初整田插秧后投蟹苗，放养密度控制在规格为 40～60 只/kg 的幼蟹200～250 只。

（二）小龙虾放养

分为投放亲虾模式和投放幼虾模式两种。

（1）投放亲虾养殖模式。初次养殖时，在当年的 8 月底至 9 月初，往稻田的环形沟和田间沟中投放亲虾，每亩投放 20～30kg，再次养殖的稻田每亩投放 5～10kg。

选择亲虾要把握好以下几点：其一，颜色为暗红或深红色，有光泽、体表光滑无附着物；其二，个体大，雌雄性个体重应在 30 克以上，雄性个体宜大于雌性个体；其三，雌雄性亲虾应附肢齐全、无损伤、无病害、体格健壮、活动能力强。

亲虾应从养殖场和天然水域挑选。挑选好的亲虾用不同颜色的塑料虾筐按雌雄分装，每筐上面放一层水草，保持潮湿，避免太阳直射，运输时间应不宜超过 8 小时。亲虾投放前，环形沟和田间沟应移植 40%～60% 面积的飘浮植物给亲虾"安个家"。亲虾按雌、雄性比（2～3）∶1 投放。投放时将虾筐反复浸入水中 2～3 次，每次 1～2min，使亲虾适应水温，然后投放在环形沟和田间沟中。

（2）投放幼虾养殖模式。如果在头一年养殖时，错过了投放亲虾的最佳时机，可以在第二年的 4～5 月投放幼虾，每亩投放规格为 2～3cm 的幼虾 1 万尾左右。如果是续养稻田，根据虾的密度，在 6 月上旬插秧后酌情补投幼虾，保证合理密度，才能获得最佳效益。

（三）鱼种放养

每亩投放 3～5cm 的中科 3 号异育银鲫 100 尾，规格为 100g/尾的鲢鳙鱼种 30 尾。巧妙地利用物种生存空间和食物的差异性，起到清洁水质、废物利用、节水环保的作用。

三、饲养管理

河蟹和小龙虾除利用稻田中天然饵料外，要定期投喂水草、小麦、玉米、豆饼和螺蚬、蚌肉等饵料。采取定点投喂与适当撒投相结合，保证所有的蟹和虾都能较容易获得食物。饲养期间要保持稻田水质清新，溶氧充足。水位过浅时，要及时加水；水质过肥颜色过浓时，应该及时更换新水。换水时进水速度不要过快过急，可采取边排边灌的方法，以保持水位相对稳定，避免养殖对象受到惊扰。平时要坚持早晚各巡田一次，检查水质状况、蟹和虾摄食情况、水草和天然饵料的数量及防逃设施的完好程度。遇到大风大雨天气，要随时检查，严防虾蟹种苗外逃，尤其要防范老鼠、青蛙、鸟类等敌害侵袭。

稻田养殖河蟹和小龙虾由于生态环境好，一般很少生病，但仍要"以防为主"。在蟹种和亲虾放养时，用 3%～5% 食盐水浸浴 10min，杀灭寄生虫和致病菌。生长期间每 15～20 天泼洒 1 次生石灰水，每亩用量 5kg，可以调节水质、补充钙源、增加生物种群。

四、收获与效益

当年 11 月份水稻收割后，可放浅稻田积水，捕捞虾蟹。但要留足下年的亲虾，然后再给稻田灌水，让亲虾在稻田中越冬。采用地笼捕捞，将河蟹全部捕起，只捕捞部分大个体小龙虾。每亩可收获水稻 500kg，规格为 125g/只的河蟹 30kg，小龙虾 50kg，成鱼 40kg，纯利润在 5000 元/亩左右。投入产出比在 1：2.5 左右。

第七节　虾鳖鳝稻综合种养技术

虾鳖鳝稻共作是巧妙地借用了网箱养鳝池塘养殖一季黄鳝两季养小龙虾的一种生态养殖模式。与虾稻共作有异曲同工之妙，把网箱引入稻田环形沟，网箱养鳝大都是 5～6 月放养，而此前稻田的环形沟是闲置的，在这个时节，可以设置网箱进行鳝鱼饲养。并在环形沟中投放小龙虾苗种，巧妙合理地利用这一时间差，先养一季虾，待鳝苗投放后虾鳖鳝混养。虾鳖鳝混养期给鳝鱼投喂的动物性饵料，不可避免地会有食物外溢或剩余，在夏天高温水体中，易腐败变质，污染水体，导致水体浮游生物过度繁殖，诱发黄鳝病害发生，黄鳝上草直至死亡。而养虾期留下的幼苗幼虾，其摄食习性就是喜欢吃腐烂性动物残食和浮游生物，可消除外溢或剩余食物。实践证明，这种混养模式有以下几方面的优点：一是充分利用池塘资源，大幅度增加了池塘的单位效益。二是有效改善了养殖水质条件，大大降低了鳖、鳝病的发生概率，提高了鳖鳝养殖的产量和效益。三是充分利用饵料资源，有效减少换水、调水次数，既节水又降低了养殖成本。

一、稻田工程建设

（一）稻田的选择

综合种养对稻田要求高。选择水质良好、水量充足、周围没有污染源、保水能力较强、排灌方便、不受洪水淹没的成片田块进行稻田养小龙虾，面积以 50～200 亩为宜。

（二）开挖田间沟

沿稻田田埂内侧四周 1.0m 开外，开挖供小龙虾活动、避暑、避旱和觅食的环形沟，环形沟面积占稻田总面积的 10%～12%，沟宽 2.5～4.0m，沟深 2.0～2.5m。利用挖环形沟的泥土加宽、加高、加固田埂。田埂加高、加宽时，每加一层泥土都要进行夯实，以防以后雷阵雨、暴风雨时使田埂坍塌，确保堤埂不开裂、不漏水，以增强田埂的保水性能和防逃能力。改造后的田埂，应高出稻田平面 0.5m 以上，埂面宽大于 1.5m，池堤坡度比为（1∶1.5）～（1∶2）。

（三）建设防逃墙

将石棉瓦埋入田埂泥土中 20～30cm，露出地面高 50～60cm，为防止石棉瓦移位，应每隔 80～100cm 处用一木桩固定，或者将前后石棉瓦上端用铁丝固定。稻田四角转弯处的防逃墙做成弧形，以防止鳖沿夹角攀爬外逃。

（四）建设进排水系统

结合开挖环形沟综合考虑，进水口和排水口成对角设置。进水口建在田埂上；排水口建在沟渠最低处，由一弯管控制水位。与此同时，进、排水口用铁丝网围住，以防鳖逃逸。

（五）建设晒台、饵料台

晒台和饵料台合二为一，具体做法是：在田间沟中每隔 10m 左右设一个饵料台，台宽 0.5m，长 2m，饵料台一端在埂上，另一端没入水中 10cm 左右。

二、放养前的准备

（一）清沟消毒

放虾鳖前 10～15 天，清理环形沟和田间沟，铲除浮土，筑牢池埂沟壁。每亩稻田环形沟用生石灰溶液 20～50kg，或选用漂白粉溶液消毒，方法与池塘消毒相同，对环形沟和田间沟进行彻底清沟消毒，杀灭野杂鱼类、敌害生物和致病菌。

（二）施足基肥

放虾鳖前 7～10 天，在稻田环形沟中注水 20～40cm，然后施肥培养饵料生物。一般结合整田过程，每亩稻田均匀施入有机农家肥 300～500kg，农家肥肥效慢，肥效持续时间长，施用后对虾和鳖的生长无影响，还可以减少后期追肥的次数和数量，因此，最好施有机农家肥，一次施足。

（三）移栽水生动植物

环形沟内栽植轮叶黑藻、金鱼藻、眼子菜等沉水性水生植物，在沟边种植蕹菜，在水面上浮植水葫芦等。控制好水草的面积，一般水草占环形沟面积的 40％～50％，以零星分布为好，不可聚集在一起，这样有利于环形沟内水流畅通。每亩投放 50～100kg 螺、蚬等，使其在稻田中自然繁殖，为小龙虾持续提供优质的天然饵料。

（四）过滤及防逃

进、排水口要安装竹箔、铁丝网及网片等防逃、过滤设施，严防敌害生物进入或虾、鳖苗随水流逃逸。如果采用 PVC 塑料管作进、排水管，则在管口安装防逃网罩即可，这种方法最简单。

三、苗种放养

（一）幼鳖投放

幼鳖以本地饲养的成活率高，从外地购买，由于路途遥远体力消耗较大，加上操作时的人手和工具的触摸和碰击，不可避免地带来伤害，成活率会降低，对于有损伤或带病的幼鳖几乎没有成活率，这一点很重要。稻田养鳖失败的教训很多，无数次的实践证明，投放大规格鳖种是稻田养鳖成功的关键。

幼鳖必须雌雄分开养殖，这样可避免幼鳖之间的撕咬打斗，自相残杀，以提高幼鳖的成活率。由于雄鳖比雌鳖生长速度快且售价更高，有条件的地方建议投放全雄幼鳖。对于生病的幼鳖，死亡后往往沉入水底，腐烂后又成为健康鳖的食物，传染疾病，还不易被发现，所以危害很大。养鳖成功与否，选种是关键，这一点毋庸置疑。

（二）小龙虾放养

小龙虾放养通常选用两种模式。

1. 亲虾放养模式

每年的7～8月，在中稻收割之前的1个月左右，在先期已开挖的稻田环形沟里投放经挑选的小龙虾亲虾。投放量为每亩20～30kg，雌雄比例为3∶1。小龙虾亲虾投放后不必投喂饵料，亲虾可自行摄食稻田中的水稻秸秆、有机碎屑、浮游动物、水生昆虫、周丛生物和水草。在投放种虾这种模式中，小龙虾亲虾的选择很重要。选择小龙虾亲虾的标准如下：其一，颜色暗红或黑红色、有光泽、体表光滑无附着物；其二，个体大，雌、雄性个体重都要在30g以上，最好雄性个体大于雌性个体；其三，亲虾雌、雄性都要求附肢齐全、无损伤、体格健壮、活动能力强；其四，亲虾离水时间要尽可能短，不可长时间脱水。

2. 幼虾放养模式

每年的10～11月，当中稻收割后，用木桩在稻田中营造若干深10～20cm的人工洞穴并立即灌水。往稻田中投施腐熟的农家肥，每亩投施量为200～300kg，均匀地投撒在田面上，淹没于水下，以快速培肥水质，之后再往稻田中投放离开母体不久、体长为2～3cm的幼虾1.0万～1.5万尾。在天然饵料生物不足时，可适当投喂一些鱼肉糜、绞碎的螺、蚌肉及动物屠宰场和食品加工厂的下脚料等，也可投放人工采集的枝角类、桡足类和轮虫，每亩每日可投800～1000g。这种活饵料适口性强，能加快幼虾生长。人工饲料投放在稻田沟坡边，以呈多点块状分布为宜。

值得注意的是，稻田中的稻草应尽可能多地留置在稻田中，呈多点堆积并没于水中浸沤起到双重作用，供小龙虾栖息和摄食之用。整个秋冬季，注重投肥，培肥水质。一般每个月施一次腐熟的农家粪肥。天然饵料生物丰富的可不投饲料。当水温低于 12℃ 时，可不投喂。冬季小龙虾进入洞穴中越冬，到第二年的 2～3 月水温适合小龙虾时，要加强投草、投肥，培养丰富的饵料生物，一般每亩每半个月投一次水草，100～150kg，每个月投一次发酵的猪牛粪，100～150kg。有条件的每日还应适当投喂一次人工饲料，以加快小龙虾的生长。可用的饵料有饼粕、谷粉，砸碎的螺、蚌及动物屠宰场的下脚料等，投喂量以稻田存虾重量的 2%～6% 加减，傍晚投喂。人工饵料、饼粕、谷粉等在养殖前期每亩投量在 500g 左右，养殖中后期每亩可投 1000～1500g；螺蚌肉可适当多投。4 月中旬用地笼开始捕虾，捕大留小，一直至 5 月底、6 月初中稻田整田前，排干稻田积水，将小龙虾全部捕起。

（三）黄鳝放养

虾鳖鳝稻综合种养，是利用稻田中较深环形沟的水源，在其中设置网箱，以投喂饵料为主，黄鳝排出的粪便作为水稻的肥料，这样既节水又节肥，还可以生产有机水稻。

1. 网箱设置

5 月下旬至 6 月初，在稻田环形沟中设置小型网箱。每亩设置20 口网箱为宜。

网箱规格为 2.0m×2.0m，箱高 1.2m，用网目为 0.5～1.0cm聚乙烯无结节网片做成。网箱分排设置，使用边长为 25cm 的水泥柱和 0.5cm 粗的铁丝固定在池水中部。箱体之间的间隔为 1～2m，水下部分为 0.7m，水上部分为 0.5m。4m² 的小网箱，提高了单位面积的产量，减少了管理成本，只需 1 人就可在小渔船上完成清箱、洗箱等操作。最好的木船替代工具是规格为 2.0m×1.2m×0.2m 的泡沫浮体，表面用乙烯网布包裹，可载重 400kg 以上，经济适用。

2. 网箱消毒和水草移植

网箱在鳝种入箱前 5～7 天下水，新做的网箱要在水中浸泡 15 天左右，让网箱的毒性消失，并在箱体上形成一层生物膜，避免鳝种擦伤。模拟黄鳝自然栖息环境，箱内种植水草，如水花生、凤眼莲等，覆盖面占网箱面积的 80% 左右，旨在净化水质并为黄鳝提供隐蔽歇荫场所。水草的覆盖面积占箱体的 2/3。鳝种放养前 3～5 天，对箱内水草及水体用漂白粉消毒。

3. 鳝种投放

鳝种来源以人工繁育和地笼捕捉为好，以深黄大斑鳝生长最快。要求体质健壮，规格整齐，体表光滑，无病无伤。放养时间选择在端午节后 6 月中下旬，气温和水温较为稳定时，至关重要的是天气，如果放养鳝种的前、后 3 天是晴好天气，则鳝种的成活率将达到 80% 以上，可避免出现应激反应。如果在阴雨天气放种，鳝种成活率在 50% 以下，所以天气是放种成功与否的关键。

投放规格以尾重 10～20g 为宜，密度 20～30 尾/m^2。鳝种以中等规格为好，越大成活率越低。

做好鳝种消毒。在运输过程中，每 50kg 黄鳝要用 100g "维鳝命" 化水浸泡，长途运应减少换水次数，最好不换水，可提高成活率。下箱前，通过压水的方法选择活泼健壮的个体，再用 0.2%～0.5% 的电解多维浸泡 10～20min 后入箱。苗种投放后停食 5～7 天，停食期间第 1 天用 "维鳝命" 泼箱；第二天全池泼洒 "二氧化氯" ＋ "百血停"，可显著提高鳝种成活率。应避免环境水温变化过大（±2℃）或运输时间过长。避免使用刺激性较强的食盐、聚维酮碘给鳝种消毒，以减少死亡，提高鳝种成活率。

也可以直接向稻田投放鳝种，每亩放养规格 20～30g/尾的大斑鳝种 1000～1500 尾，收获时用地笼捕起，但经济效益比小网箱养殖要低得多。

四、饵料投喂

(一) 鳖的投喂

鳖以肉食性为主,为了提高鳖的品质,所投喂的饲料应以低价的鲜活鱼或加工厂、屠宰场的下脚料为主,适当减少配合饵料的投喂量。温室幼鳖要进行 10～15 天的饵料驯食,驯食完成后即可减少配合饵料投喂量,逐渐增加鲜活饵料的数量。幼鳖入池 7 天后即可开始投喂,日投喂量为鳖体总重量的 2％～8％,每天投喂 1～2 次,一般以 90min 以内吃完为宜。鳖的体重可以根据放养的时间、成活率和抽样获得的生长数据推测整个田块的总重量。具体的投饵量视水温、天气、活饵等情况而定。

(二) 黄鳝的投喂

鳝种下箱 5～7 天后,用蚯蚓或水蚯蚓作开口饵料能使鳝种较早开口摄食。再以小杂鱼、螺蚬、蚌肉等为主进行驯食 3～5 天,驯食成功后才能转入常规投喂。主要饵料为白鲢鱼糜和鳝颗粒饵料重量比 1∶1～2∶1 的搅拌料,适当添加"维鳝命"、五黄散、板蓝根等中药。白鲢、小杂鱼等活鲜鱼的饵料系数为 6～8,配合饵料的为1.5～2.4。对驯食成功的黄鳝投喂用鱼血水浸泡过的颗粒饵料可增加诱食性。投喂量一般为黄鳝体重的 2％～8％,具体日投饵量根据天气、水温、水质、黄鳝的活动情况灵活掌握,一般以投喂 2 小时以内吃完为好。投喂时间一般在每天日落前 1 小时左右进行。10 月后水温渐低,黄鳝投饵时间逐步提前到温度高的下午。

(三) 小龙虾的投喂

小龙虾和鱼类以稻田里的浮游动植物、细菌团、有机碎屑、植物嫩芽、腐烂的稻草、水生昆虫、底栖动物和鳖的残剩饵为食,不必专门投饵。

值得借鉴的是,在稻田环形沟中间,每间隔 100m 处,安装频振杀虫灯。频振杀虫灯杀虫谱广,可诱杀地老虎、棉铃虫、甜菜夜蛾等1000多种害虫。对趋光性害虫进行诱杀，可以为虾鳖鳝提供营养丰富的天然饵料。有条件的地方，可以选择在稻田中央竖立高度5m以上的水泥杆，安装较大功率的黑光灯，把较远距离的昆虫先引诱到田头，再由近水处的诱虫灯使之掉进水中，诱捕效率会大大提高，据推测，仅此一项，可节省饵料5%～10%以上。

五、饲养管理

每天早、晚坚持巡田，观察沟内水色变化和虾的活动、吃食、生长情况。田间管理的工作主要集中在水稻晒田、施肥、用药、防逃、防病害等工作。

（一）晒田

稻谷晒田宜轻烤，不能完全将田水排干。水位降低到田面露出即可，而且时间不宜过长。晒田时幼鳖进入虾沟内，如发现幼鳖有异常反应时，要立即注入新水。

（二）稻田施肥

稻田基肥要施足，应以施腐熟的有机农家肥为主，在插秧前稀释和解除毒性。一次施入耕作层内，达到肥力持久长效的目的。追肥一般每月一次，可根据水稻的生长期及生长情况施用生物复合肥10kg/亩，或用人、畜类堆制的有机肥，对小龙虾无不良影响。施追肥时最好先排浅田水，让虾集中到环形沟、田间沟中，然后再施肥，使追肥迅速沉积于底层田泥中，并被田泥和水稻吸收，随即加深田水至正常深度。

（三）水稻施药

小龙虾对许多农药都很敏感，稻田养虾的原则是能不用药时坚决不用，需要用药时则选用高效低毒的无公害农药和生物制剂。施农药时要注意严格把握农药安全使用浓度，确保小龙虾的安全，并要求喷药于水稻叶面，尽量不喷入水中，而且最好分区用药。分区用药的含义是将稻田分成若干个小区，每天只对其中一个小区用药。

一般将稻田分成 2～3 个施药小区，交替轮换用药，在对稻田的一个小区用药时，小龙虾可自行进入另一个小区，避免伤害。水稻施用药物，应避免使用含菊酯类和有机磷类的杀虫剂，以免对小龙虾造成危害。喷雾水剂宜在下午进行，因稻叶下午干燥，大部分药液吸附在水稻上。同时，施药前田间加水至 20cm，喷药后即换水。

（四）防逃、防病害

每天巡田时检查进出水口筛网是否牢固，防逃设施是否损坏。汛期防止洪水漫田，发生逃虾的事故。巡田时还要检查田埂是否有漏洞，防止漏水和逃虾。

稻田养鳖、虾、鳝，其敌害并不多见，主要有些争食的对象，如蛙、水蛇、水老鼠和一些水鸟等，这些敌害对 50g 以下的稚鳖危害较大，对大规格幼鳖并无危害。除放养前彻底用药物清除外，进水口时要用 20 目纱网过滤；平时要注意清除田内敌害生物，有条件的可在田边设置一些彩条或稻草人，恐吓、驱赶水鸟。

鳖和小龙虾的抗病力比较强，在稻田中如果雌雄比例得当、密度适当、饲料新鲜，一般不会得病。

鳝病预防是虾鳖鳝稻田养殖的重点。预防措施是，待黄鳝正常摄食后，用 100g "复方阿苯哒唑粉" 拌 30kg 黄鳝料投喂一次，可彻底杀灭寄生虫；以后每隔半个月每 50kg 鳝鱼用 "维鳝命" 100g＋"利胃散" 100g＋"2.5％诺氟沙星散" 100g 拌 25kg 料投喂 3～5 天。投喂人工颗粒饲料的黄鳝要加喂 "保健粉"，在 8～9 月投喂 "保肝宁"。7～9 月高温季节，水温超过 30℃ 以上时注意调节水温，减少投饵量或停止投喂。每 10～15 天施一次 "芽孢杆菌" 或 "EM 菌" 等降低水中氨氮。

黄鳝的疾病包括细菌性疾病（含出血病、肠炎、烂尾、大头病等）可内服 "恩诺沙星粉" 或用 "二氧化氯"＋"百血停" 泼箱或全池泼洒；应激性疾病（含上草、打转、发狂、感冒等）可内服 "维鳝命"。做到预防为主，对症下药。

（五）日常管理

坚持早晚巡查。经常仔细检查箱体是否被老鼠咬破，如有漏洞及时修补；定期捞取网箱内过多的水花生，防止水花生长出箱体，在雨天出现逃鳝现象。注意池塘水位变化，特别是夏季下暴雨或高温干旱时，应及时调控网箱位置。

水质好坏直接影响黄鳝的摄食、生长及疾病的发生。7～8月是黄鳝摄食生长的最佳时间，随着投喂量的增加，排泄物增多，特别是养殖水体中藻类的繁殖过多，水质极易恶化。根据水温、天气、饵料、摄食状况，定期注入新水或交换新水。一次换水一般为整个养殖水体的三分之一，水源条件好的养殖场，一般2～3天换水一次，在远离养殖网箱的地方加注新水，以免大量交换水体，使黄鳝产生应激反应，影响生长。还可以定期泼洒EM菌，改善水质：增加水体有益的微生物的产量，间接为小龙虾增加了饵料生物。

六、收获与效益

当年底可以收获体重1200kg以上的大规格鳖100kg以上，个体重25g以上的大规格小龙虾50kg以上，两项收益16000元，纯利润超过8000元。

4m² 的网箱，6月投放尾重20～30g的鳝种，经过5～6个月的饲养，鳝种增重倍数为5～10倍，个体越小增重倍数越高。每口网箱可产个体100g以上的商品鳝20kg左右，售价在60～70元/kg，扣除各种成本30～40元/kg，单口网箱利润在500元左右，每亩20口网箱共获纯利10000元。

稻田养殖虾、鳖、鳝，三者综合利润达到18000元，效益十分可观。但是，在实际养殖生产中，由于综合养殖技术含量高，养殖户要根据自己的养殖种苗、饲料和资本等情况合理安排三者的比例，科学投喂，不可盲目跟风，以免造成不必要的损失。

第八节　虾鳅稻综合种养技术

虾鳅稻综合种养是指利用稻田浅水环境，应用生态经济学原理和现代技术手段，对稻田生态系统的结构和功能进行改造，选择优良的水稻品种和名特优水产品在同一稻田生态系统内进行生物工程技术、水产养殖技术和水稻种植技术的集成，在不使用化肥和农药的情况下，通过生物工程技术防控稻田病虫害，清除杂草，同时水生动物的粪便给水稻提供优质的有机肥料，形成田面种稻，水体养虾、鳅等水生经济动物的互利共生生态系统，降解直至消除稻田的农药残留，改善因长期使用化肥而越来越板结的土壤，逐步修复稻田生态，以提高稻田的综合生产能力，实现生态重建，实现"一地两用、一水双收"，实现稻田单位面积产量（在保证稻谷稳产或增产的情况下增加了水产品）、稻田单位面积效益（亩增收 6000 元以上）和产品质量（稻谷、水产品均为有机食品）"三高"的现代生态循环农业模式，是水稻与水产结合重建农业生态的典范模式。

一、稻田选择及设施建设

稻田高效生态种养技术的关键是有好的生态环境，因此建造好田间工程，选择优质水稻和虾鳅苗种，在整个种养过程中不用化肥和农药。

虾鳅稻生态种养的稻田应集中连片、便于管理，同时应选择在地面开阔、地势平坦、避风向阳、安静的地方，要求水源充足、水质优良、稻田附近水体无污染、旱不干雨不涝、能排灌自如。稻田的底质以壤土为好，田底肥而不淤，田埂坚固结实不漏水。

虾鳅苗种放养前，稻田需进行改造与建设，主要内容包括：开挖田间沟，加高、加宽田埂，建立防逃设施和完善进、排水系统、遮阳棚的搭建等。

（一）开挖田间沟

沿稻田田埂内侧四周开挖供水产养殖动物活动、避暑、避旱和觅食的环形沟，环形沟面积占稻田总面积的 8%～10%，沟宽 2～3m，沟深 1.0～1.5m。

（二）加高加宽田埂

利用挖环沟的泥土加宽、加高、加固田埂。田埂加高、加宽时，泥土要打紧夯实，确保堤埂不裂、不跨、不漏水，以增强田埂的保水和防逃能力。改造后的田埂，要求高度在 0.5m 以上（高出稻田平面），埂面宽不少于 1.5m，池堤坡度比为（1∶1.5）～2。

（三）建立防逃设施

防逃设施可使用水泥瓦和材料建造，其设置方法为：将水泥瓦埋入田埂上方内侧泥土中 30cm，露出地面 30cm，然后每隔 100cm 处用一木桩固定。如果用砖塑料薄膜，可选择工程塑料或聚乙烯网片加薄膜，在四周田埂上方内侧建 30cm 高的防逃网并在薄膜顶端缝上 10cm 的塑料薄膜即可，主要防止小龙虾沿墙壁攀爬外逃。安装进排水管道和防逃网罩。

在田边，可以种植红薯、南瓜、丝瓜、花生等农作物，并搭建遮阳棚，为小龙虾营造良好栖息场所。

二、田间沟消毒和移植水草

环沟挖成后，在苗种投放前 10～15 天，每亩沟面积用生石灰100kg 带水进行消毒，以杀灭沟内敌害生物和致病菌，预防虾、鳅的疾病发生。

移栽水生植物是稻田养殖小龙虾的关键所在，俗话说得好"虾多少，看水草"，蕴藏着深刻的道理。在围沟内栽植轮叶黑藻、伊乐藻、马来眼子菜等水生植物，或在沟边种植水花生，但要控制水草的面积，一般水草面积占渠道面积的 30%左右，以零星分布为好，不要聚集在一起，以利于渠道内水流畅通无阻，能及时对稻田进行灌溉。

三、施基肥

放鳅前先将田水排干，暴晒 3～4 天，再按每亩田块施畜肥 300kg，使用机械翻动土壤，使土壤和肥料能均匀混合。之后，仍需暴晒 4～5 天，使畜肥腐烂分解，待土壤充分吸收后再蓄水种稻。当田面水深 15～30cm 时，每 100m² 水田放养体长为 3～5cm 左右的原鳅种 10～15kg。

四、苗种放养

品种的优劣直接影响产量的高低和质量的好坏。因此，应选择具有生长快、繁殖力强、抗病的小龙虾和泥鳅苗种。

（一）放养时间

"早插秧，早放养"，小龙虾的苗种放养时间和方法与虾稻共生相同。

泥鳅苗种放养一般在中稻插秧后 10 天左右，以泥鳅夏花或大规格鳅种为宜。不可投放泥鳅水花，其成活率很低。此时稻田的秧苗已成活，饵料生物已渐丰富。

（二）放养密度和规格

每亩放养 6～10cm 的泥鳅种 10000～12000 尾。为了确保产量和效益，可根据鳅种的规格作适当调整。

虾种投放分两次进行。第一次是在稻田工程完工后投放虾苗，时间一般在 3～4 月，可投放从市场上直接收购或人工野外捕捉的幼虾，规格一般为 200～400 只/kg，投放量为 50～75kg/亩。第二次是在 8～10 月份投放抱卵虾，投放量为 25～30kg/亩。

五、饵料及投喂

鳅种放养第一周先不用投饵。一周后，每隔 3～4 天喂一次。开始投喂时，饵料撒在鱼沟和田面上，以后逐渐缩小范围，集中在鱼沟内投喂；一个月后，泥鳅正常吃食时，每天喂两次。泥鳅放养后第一个月，饵料可以投喂鱼粉、豆饼粉、玉米粉、麦麸、米糠、畜禽加工下脚料等；水温 25℃ 以上时，动植物饵料组成 7：3；水温 25℃ 以下时，动植物饵料组成 1：1。开始时采用撒投法，将饵料均匀地撒在田面上，以后逐渐缩小撒投面积，最后将饵料投放在固定的鱼坑里。一个月后，每隔 15 天追肥一次。

小龙虾可投喂南瓜、菜叶、豆粕等植物性饲料或全价人工配合饵料。

值得借鉴的经验是对于从市场上购买的小龙虾、泥鳅苗种，如果在下池之前，投喂一次水蚯蚓活饵料，使之提前开口设施，恢复体质，可以显著提高其成活率。

六、日常管理

（一）水位控制

越冬以后，即进入 3 月份时，应适当降低水位，沟内水位控制在 30cm 左右，以利提高水温。当进入 4 月中旬以后，水温稳定在 20℃ 以上时，应将水位逐渐提高至 50～60cm，这样有利于小龙虾的生长，避免小龙虾提前硬壳老化。5 月份，为了方便耕作及插秧，可将稻田裸露出水面进行耕作，插秧时田面水位保持在 10cm 左右；鳅种投放后根据水稻生长和养殖品种的生长需求，可逐步增减水位。

6～9 月根据水稻不同生长期对水位的要求，控制好稻田水位，原则上要求适当提高水位。小龙虾越冬前（即 10～11 月）的稻田水位应控制在 30cm 左右，这样可使稻蔸露出水面 10cm 左右，既可使部分稻蔸再生，又可避免因稻蔸全部淹没水下，导致稻田水质过肥缺氧，而影响小龙虾的生长。12 月至翌年 2 月小龙虾在越冬期间，可适当提高稻田水位，应控制在 40～50cm。

（二）科学晒田

晒田总体要求是轻晒或短期晒，即晒田时，使田块中间不陷脚，田边表土不裂缝和发白，以见水稻浮根泛白为适度。田晒好后，应及时恢复原水位，尽可能不要晒得太久，以免导致环沟水生动物因长时间密度过大而产生不利影响。

（三）勤巡田

经常检查养殖泥鳅、小龙虾的吃食情况，查防逃设施，查水质等，做好各种生产记录。

（四）水质调控

根据水稻不同生长期对水位的要求，控制好稻田水位，并做好田间沟的水质调控。适时加注新水。高温季节，在不影响水稻生长的情况下，可适当加深稻田水位。要经常用生石灰化成浆，对围沟进行泼洒，改善水质，消毒防病。对围栏设施和田埂，要定期检查，发现损坏，及时修补。

（五）虫害防治

对水稻危害最严重的是褐稻虱，幼虫会大量蚕食水稻叶子。每年9月20日后是褐稻虱生长的高峰期，稻田里有了虾、鳅，只要将水稻田的水位提高10cm，虾、鳅就会把褐稻虱幼虫吃掉，达到避虫的目的。

（六）经常检查堤防设施，防止逃鳅

稻田水位应根据稻鳅需要适时调节，初期15～30cm深，中后期40～60cm深。日常管理中可适量施放石灰，一方面可作为肥料，另一方面可起到消毒作用。此外，养虾、鳅的水田一般不宜过多除草。

泥鳅养殖过程中常见的病害有水霉病、打印病、烂鳍病、寄生虫病。由于稻田鱼病较难治疗，故在放养鳅种时须经过检疫或采用鱼种消毒等预防措施。

七、收获方法

小龙虾、泥鳅因潜伏于泥中生活，捕捞难度大。但根据小龙虾、泥鳅在不同季节的生活习性特点，可采取以下方法进行收获。冬季在田里泥层较深处事先堆放数堆猪粪、牛粪做堆肥，引诱泥鳅集中于粪堆内进行多次捕捞；春季将进出水口打开装上竹篓，小龙虾、泥鳅自然会随水进入其中；秋季将田里水全部排干重晒，晒至田面硬皮为度，然后灌入一层薄水，待泥鳅大量从泥中出来后进行网捕。最好的办法就是用地笼，全年各个季节均可捕捞。

第九节　稻田虾鳝共作技术

近年来，随着人民生活水平的不断提高，国内外对黄鳝的需求不断增长，农民投资养鳝的热情也在不断高涨。一些水源条件好的地方，特别是江汉平原地区，把网箱养鳝作为转变经济增长方式和农业增收农民致富的重要途径。养殖规模也在不断扩大。形成了生产规模化、销售网络化的产业格局。但是由于网箱养鳝只有 4～5 个月的水体利用期，其他时间的养殖水体都是闲置的，此外，由于是网箱养鳝，网箱面积只占养殖水体的 40%，且都在深水区，造成了很大的资源浪费。如果采取空间分隔技术开展小龙虾养殖，则可达到很好的经济、社会和生态效益。

虾鳝共作是巧妙合理地利用网箱养鳝池塘养殖一季黄鳝两季小龙虾的高产高效的生态模式。与虾稻共作有异曲同工之妙，网箱养鳝大都是 6 月底至 7 月上旬放养，而此前池塘水域都是闲置的，虾鳝共作就是巧妙合理地利用这一时间差，先养一季虾，待鳝苗投放后虾鳝混养。虾鳝混养期给鳝鱼投喂的动物性饲料，不可避免地会有食物外溢或剩余，在夏天高温水体中，易腐败变质，污染水体，导致水体浮游生物过度繁殖，诱发黄鳝病害发生，黄鳝上草直至死亡。而养虾期留下的幼苗幼虾，其摄食习性就是喜欢吃腐烂性动物残食和浮游生物，可消除外溢或剩余食物。实践证明，这种混养模式有以下几方面的优点：一是充分利用池塘资源，大幅度增加了池塘的单位效益。二是有效改善了养殖水质条件，大大降低了虾鳝病的发生概率，提高了虾鳝养殖产量和效益。三是充分利用饵料资源，有效减少了换水、调水次数，降低了养殖成本。

一、小龙虾养殖

（一）清塘消毒

每年 10～12 月待鳝鱼收获销售结束后，将池水降落一定水位，用只杀鱼不杀虾的药物（如鱼藤精等）清池消毒，清除小杂鱼。然后再将水加至原来水位，让小龙虾自然越冬。

（二）水草种植

在池塘底层种植沉底水草，在池塘四周种上水花生，为小龙虾营造良好的栖息环境，水草既可以作为小龙虾的食物，还可以改良水质。

（三）投放亲虾

每年 8～9 月，按质量要求亩投优质亲虾 25kg，以亲虾自然繁殖的虾苗做下一年的虾种。或 4～5 月亩投体长 3cm 虾苗 8000～10000 尾，以稻田食物和投喂饵料相结合的方式提高小龙虾的产量。

（四）小龙虾饲养管理

当年 3 月底对小龙虾进行投食喂养。小龙虾虽属杂食性动物，但也有选择性，植物性饲料中喜食麸皮、面粉，动物性饲料中喜食蚯蚓、小杂鱼、鱼粉、劣质鲜鱼块等。可按 30%～40% 的动物性饲料、60%～70% 的植物性饲料配制喂养。在池塘四周遮挡物少的浅水区设多处投饲区。日投喂量随虾体增长而逐渐增加，一般为虾体重的 5%～10%。日投 2 次，时间在上午 6～7 时，下午 6～7 时，下午投喂量占总量的 70%。

二、黄鳝养殖

（一）网箱设置

①设箱时间。5 月下旬至 6 月初。

②网箱制作。网衣为 30 目的聚乙烯网片制成，网箱无框架，敞口式，在网箱外边上部附塑料薄膜。

③网箱大小。网箱规格为 $4m^2$（$2m \times 2m$），太大不利管理，太小成本较高，网高 2m。

④网箱数量。亩平均 40 口箱。

⑤网箱架设。箱与箱的间距为 1.5m 左右，顺池边排放，距池埂 1.5m 左右，便于投饵和日常管理。箱四角固于铁丝上，并绷紧网箱，使网箱悬浮于水中。网箱放入水中浸泡 15 天，待其有害物质消失后再投放鳝种。

⑥移植水草。模拟黄鳝自然栖息环境，箱内种植水草，如水花生等，水草的覆盖面积占箱体的 2/3。鳝种放养前 3～5 天，对箱内水草及水体用漂白粉消毒。

（二）鳝种投放

①鳝种来源及规格。从当地黄鳝苗种场购买鳝种。规格在 50g/尾左右，要求体质健壮，规格整齐，体表光滑，无病无伤。

②放养时间及密度。在 6～7 月放养鳝种。待网箱内水草成活后，选连续两个以上晴天的时间投放。放养量为 $2kg/m^2$。

③鳝种消毒。为提高鳝种存活率，减少疾病的发生，鳝种放养前应进行消毒。方法有：一是用 3‰～4‰ 的食盐水浸洗鳝种 3～5min；二是用 20mg/L 高锰酸钾溶液药浴 10～20min；三是用 10mg/L 的亚甲基蓝水溶液浸泡 10～15min。

（三）饵料与投喂

黄鳝的饵料以动物性饵料为主，植物性饵料为辅。投喂要定时、定量，每次以 15min 吃完为度。

常用的饵料有：①活小杂鱼。直接投喂，投喂量为黄鳝体重的 5%～6%，投喂前注意清洗干净，不需驯食。

②鲜死鱼或冰冻鱼。绞成鱼浆进行投喂，投喂量为黄鳝体重的 5%～6%。大规格的鱼，在投喂前要用沸水煮一下，杀灭其中的致

病微生物。

③投喂其他饲料。投喂蚯蚓、河蚌、动物的下脚料、麦麸、浮萍、配合饵料。

（四）水质调控

始终保持水质"肥、活、嫩、爽"，透明度在 35cm 左右，pH 值为 7.0～8.5。种虾入池时，水深掌握在 0.6～0.8m，以后每隔 10～15 天注水一次，最高水深控制在 1.8～2.0m。池塘换水至少 15 天一次，每次 1/5～1/4。使虾池溶氧在 4mg/L 以上；每隔 15～20 天泼洒一次生石灰，用量为 5～10kg/亩，以改善水质，增加钙质，利于脱壳。

（五）日常管理

坚持日、夜巡塘，观察小龙虾的摄食、生长、脱壳情况。经常检查箱体，防止箱体被淹或箱体入水过浅；及时修补漏洞；及时割去生长过旺的水草，防止黄鳝沿水草逃逸。经常检查进排水过滤网是否破损，防止小龙虾外逃或野杂鱼等进入。根据天气灵活喂食，晴朗天气正常投喂，雷雨闷热恶劣天气，减少或停止投饲。7～9 月是一年中小龙虾容易缺氧的季节，晚上要增加巡塘次数，定时开启增氧机，一般在午夜 1 时至日出前开机增氧、阴雨天全天开，有时为使池底充气爆气，在晴天的下午 2 时左右开机一次，防止小龙虾浮头。一旦出现浮头要及时换注新水。

（六）病害防治

虾鳝共作，病害发生概率低，养殖过程中以预防为主，治疗为辅。主要方法是：在鳝种投放前，要进行药浴。每隔 20～30 天全池泼洒聚维酮碘溶液一次，每亩水体水深 1m 用 300～500mL，以预防细菌性疾病。每隔 10～15 天伴食投喂蠕虫净，预防黄鳝体内寄生虫病。

三、收获与效益

在每年 4 月上旬开始用地笼进行捕捞，捕到 6 月上旬止，采用捕大留小的方法。8～9 月捕第二期，采取捕小留大的方法，直到留足种虾为止，每亩可以收获小龙虾 100kg。

投放规格尾重为 50g 左右的鳝种，养到 10～11 月，经过 5 个多月的饲养，其规格一般可达 150～200g 以上，这时可以捕捞上市。捕捞方法比较简单，对于池塘养殖，可以做到将蚯蚓等诱捕饵料放进用竹篾编织的黄鳝笼，傍晚放于网箱中，第二天清晨便可收笼取鳝。对于网箱养殖可直接收取网箱。

第十节　龙虾病害的防治

龙虾比河蟹、青虾等水产品抗病能力强，但是人工养殖条件下，其病害防治不可掉以轻心。

在防治上应注意：一要对症；二要按量；三要有耐心，一般用药后 3～5 天才能见效；四要外用和内服双管齐下，相互结合，在治疗的同时必须内服补充保肝促长灵、虾蟹多维、健长灵等恢复、增强体力的产品；五要先杀虫后灭菌消毒。

一、黑鳃病

（1）症状特征。鳃受感染变为黑色，引起鳃萎缩，病虾往往行动迟缓，伏在岸边不动，最后因呼吸困难而死。

（2）防治方法。

①放养前彻底用生石灰消毒，经常加注新水，保持水质清新。

②保持饲养水体清洁，溶氧充足，水体定期洒一定浓度的生石灰，进行水质调节。

③把患病虾放在每立方水体 3％～5％的食盐中浸洗 2～3 次，每次 3～5min。

④用生石灰 15～20g/m³ 全虾沟泼洒，连续 1～2 次。⑤用二氧化氯 0.3 ×10⁻⁶ 浓度全虾沟泼洒消毒，并迅速换水。

二、烂鳃病

（1）症状特征。鳃丝发黑、局部霉烂，造成鳃丝缺损，排列不整齐，严重时引起病虾死亡。

（2）防治方法。

①经常清除虾沟中的残饵、污物，注入新水，保持良好的水体环境，保持水体中溶氧在 4mg/L 以上，避免水质被污染。

②种植水草或放养绿萍等水生植物。彻底换水，使水质变清、变爽，如若不能大量换水，则使用水质改良剂进行水质改良。

③用二氯海因 0.1mg/L 或溴氯海因 0.2mg/L 全虾沟泼洒，隔天再用 1 次，可以起到较好的治疗效果。

三、肠炎病

（1）症状特征。病虾刚开始时食欲旺盛，肠道特粗，隔几天后摄食减少或拒食，肠道发炎、发红且无粪便，有时肝、肾、鳃亦会发生病变。

（2）防治方法。

①要根据龙虾的习性来投喂，饵料要多样、新鲜且易于消化，投饵要科学，要全田均匀投喂。

②在饵料中经常添加复合维生素（维生素 C、维生素 E、维生素 K）、免疫多糖、葡萄糖等，增强龙虾的抗病能力。

③在饵料中拌服肠炎消或恩诺沙星，3～5 天为 1 个疗程。

④在饵料中定期拌服适量大蒜素或复方恩诺沙星粉或中药菌毒杀星，5～7 天为 1 个疗程。

⑤外用泼洒二溴海因 0.2mg/L 或聚维酮碘 250mL/亩·米。

四、甲壳溃烂病

（1）症状特征。病虾甲壳局部出现颜色较深的斑点，严重时斑点边缘溃烂，出现较大或较多空洞导致病虾内部感染，甚至死亡。

（2）防治方法。

①动作轻缓，减少损伤，运输和投放虾苗虾种时，不要堆压和损伤虾体。

②饲料要充足供应，防止龙虾因饵料不足相互争食或残杀。

③每亩用 5~6kg 的生石灰全虾沟泼洒。

④发病稻田用 2mg/L 漂白粉全田泼洒，同时在每千克饲料中添加金霉素 1~2g，连续 3~5 天为 1 个疗程。

五、烂尾病

（1）症状特征。病虾尾部有水泡，边缘溃烂、坏死或残缺不全，随着病情的恶化，溃烂由边缘向中间发展，严重感染时，病虾整个尾部溃烂掉落。

（2）防治方法。

①运输和投放虾苗虾种时，不要堆压和损伤虾体。

②饲养期间饲料要投足、投匀，防止虾因饵料不足相互争食或残杀。

③每立方米水体用茶粕 15~20g 浸液全虾沟泼洒。

④每亩水面用强氯精等消毒剂化水全虾沟泼洒，病情严重的连续用 2 次，中间间隔 1 天。

六、出血病

（1）症状特征。病虾体表布满了大小不一的出血斑点，特别是附肢和腹部，肛门红肿，一旦染病，很快就会死亡。

（2）防治方法。

①发现病虾要及时隔离，并对虾沟水体整体消毒，水深 1m 的

沟，用生石灰 25～20kg/亩全虾沟泼洒，最好每月泼洒 1 次。

②内服药物用盐酸环丙沙星按 1.25～1.5g/kg 拌料投喂，连喂 5 天。

七、纤毛虫病

（1）症状特征。累枝虫与钟形虫等纤毛虫附着在虾和受精卵的体表、附肢、鳃上，妨碍虾的呼吸、游泳、活动、摄食和蜕壳，影响生长发育，病虾行动迟缓，对外界刺激无敏感反应，大量附着时，会引起虾缺氧而窒息死亡。

（2）防治方法。

①彻底消毒，杀灭田中的病原体，经常加注新水，保持水质清新。

②用硫酸铜：硫酸亚铁（5∶2）0.7g/m^3 全虾沟泼洒。

③用 3%～5% 的食盐水浸洗，3～5 天为 1 个疗程。

④用 25～30mL 的福尔马林溶液浸洗 4～6 小时，连续 2～3 次。

⑤用 20～30g/m^3 生石灰全虾沟泼洒，连续 3 次，使水体透明度提高到 40cm 以上。

⑥用甲壳净、甲壳尽等药物按制造商说明书使用。

八、烂肢病

（1）症状特征。病虾腹部及附肢腐烂，肛门红肿，摄食量减少甚至拒食，活动迟缓，严重者会死亡。

（2）防治方法。

①在捕捞、运输、放养等过程中要小心，不要让虾受伤。

②放养前用 3%～5% 的盐水浸泡数 min。

③发病后用生石灰 10～20g/m^3 全虾沟泼洒，连施 2～3 次。

九、水霉病

（1）症状特征。病虾伤口部位长有棉絮状菌丝，虾体消瘦乏力，行动迟缓，摄食减少，伤口部位组织溃烂蔓延，严重时导致死亡。

（2）防治方法。

①在捕捞、运输、放养等操作过程中小心仔细，不要让龙虾受伤。

②大批处于蜕壳期间，增加动物性饲料，减少同类互残。

③用 3％～5％食盐水溶液浸洗 5min。

④全田泼洒水霉净，100g/（亩·米），连用 3 天。

十、水网藻

水网藻是常生长于有机物丰富的肥水中的一种绿藻，在春夏大量繁殖时既消耗池中大量的养分，又常缠住鱼苗。消耗池中的大量养分使水质变瘦，影响浮游生物的正常繁殖，危害极大。而当水网藻大量繁殖时严重影响鱼苗活动，常缠绕鱼苗而导致鱼苗死亡。

防治方法。

①生石灰清塘。

②大量繁殖时全池泼洒 0.7～1mg/L 硫酸铜溶液，用 80mg/L 的生石膏粉分 3 次全池泼洒，每次间隔时间 3～4 天，放药在下午喂食后进行，放药后注水 10～20cm 效果更好。

十一、青苔

青苔是一种丝状绿藻总称，新萌发的青苔长成一缕缕绿色的细丝，矗立在水中，衰老的青苔成一团团乱丝，漂浮在水面上。青苔在稻田中生长速度很快，覆盖水表面，影响水中溶氧和阳光的通透性，对龙虾的生长发育极为不利，甚至使底层的幼虾因缺氧窒息而死；而且青苔会导致稻田里的水质急剧变瘦，对幼虾活动和摄食都有不利影响。另外，在青苔茂盛时，往往有许多幼虾钻入里面而被缠住步足，不能活动而活活饿死。

（1）预防措施。

①及时加深水位，同时及时追肥，调节好水色。

②定期追肥，使用生物高效肥水素，让稻田保持一定的肥度，透明度保持在 30～40cm，以减弱青苔生长旺盛期必需的光照。

③在青苔较少时，可以人工捞走。

（2）治疗方法。

①按每立方米水体用生石膏粉 80g 分 3 次均匀全池泼洒，每次间隔时间 3～4 天，若青苔严重时用量可增加 20g，放药在下午喂食后进行，放药后注水 10～20cm 效果更好。此法不会使池水变瘦，也不会造成缺氧，半月内可全部杀灭青苔。

②可分段用草木灰覆盖杀死青苔。

③在表面青苔密集的地方用漂白粉干撒，用量为每亩 0.65kg，晚上用颗粒氧，如果发现死亡青苔全部清除，则每亩泼洒 0.3kg 高锰酸钾。

（3）注意。青苔让养殖户很伤脑筋，但一定要注意不要轻易用药物来杀灭，尤其是市面上现在宣传的专杀青苔的药物，一定要先了解它的药物构成再考虑用不用。因为许多渔药生产厂家的杀青苔药的主要成分之一就是除草剂，它可以杀死青苔，但是也同时将田间沟里的水草给杀死了，而且以后补种水草还不容易成活。另外，药物还可能对龙虾造成伤害，所以建议养殖户慎用。

十二、小三毛金藻、蓝藻

这些藻类大量繁殖时会产生毒素，出现水色和透明度异常，使虾苗出现似缺氧而浮头的现象，常在 12 小时内造成虾苗大量死亡，有的是呈偷死症状。虾摄食底栖蓝藻中毒后肝胰脏坏死和萎缩，病虾嗜睡、厌食；体表呈蓝色，表皮上带有棕黄色或浅黄色斑点；通常生长缓慢，体长明显小于健康虾。

防治方法：

①生石灰清池。

②适当施肥，避免使用未经处理的各种粪肥；泼洒生石灰，培养益生藻类与有益菌类以抑制毒藻的繁殖；有条件的可用人工培育

的有益藻类干预养殖水体的藻相。

③提高水位，并通过施用优质肥料、投喂优质饵料等措施促进有益浮游植物的大量生长繁殖，以降低池水的透明度，使底栖蓝藻得不到足够的光照，促进有益浮游植物的大量生长繁殖，自然就可消失。

④提高水位，并施用"氨基酸肥水精华素"或"肥水专家"或"造水精灵"等肥料，一次量，每立方米水体2.2g，全池泼洒，使用1次。

⑤适当换水或使用杀藻剂如铜铁合剂〔硫酸铜：硫酸亚铁（5：2）〕0.4～0.7mg/L，控制藻类密度。

⑥水质嘉或双效底净，一次量，每立方米水体0.5g或1.5g；第二天，肥水宝二号和益生活水素，一次量，每立方米水体1g和0.5g。治疗小三毛金藻。

⑦清凉解毒净，一次量，每立方米水体1.5g；第二天，水立肥和盛邦活水素，一次量，每立方米水体1g或0.5g。治疗小三毛金藻。

十三、蛙害

（1）病原病因。青蛙吞食幼虾。

（2）症状特征。青蛙对虾苗和仔幼虾危害很大。

（3）流行特点。在青蛙的活动旺期。

（4）危害情况。导致幼虾死亡，给养殖生产造成严重后果。

（5）预防措施。

①在放养虾苗前，供水沟渠中彻底清除蛙卵和蝌蚪。

②稻田四周设置防蛙网，防止青蛙跳入田中。

（6）治疗方法。如果青蛙已经入田，则需及时捕捞。

十四、凶猛鱼类和其他敌害

根据笔者的调查及查询资料了解，对养殖龙虾造成危害的凶猛鱼类品种主要有：鳜鱼、泥鳅、黄鳝、鲶鱼、乌鳢等。对它们的处理方法就是加强池塘的清塘，发现一尾坚决杀灭。

对养殖龙虾造成极大危害的其他敌害主要有蛇、蟾蜍、青蛙、蝌蚪及其卵、田鼠、鸭和水鸟等。根据不同的敌害应采取不同的处理方法，见到青蛙的受精卵和蝌蚪就要立即捞走；对于水鸟可用鞭炮或扎稻草人或用死的水鸟来驱赶；对于鸭子则要加强监管工作，不能放任下塘；对于鼠类可用地笼、鼠夹等诱杀，见到鼠洞立即灌毒鼠强来杀灭。

十五、中毒

（1）病原病因。稻田水质恶化，产生氨氮、硫化氢等大量有毒气体毒害龙虾；消毒药物残渣、过高浓度用药、进水水源受农田农药或化肥及工业废水污染、重金属超标中毒；投喂被有毒物质污染的饵料；水体中生物（如湖靛、甲藻、小三毛金藻）所产生的生物性毒素及其代谢产物等都可引起龙虾中毒。

（2）症状特征。龙虾活动失常，鳃丝粘连呈水肿状，鳃及肝脏明显变色，极易死亡。

（3）危害情况。

①全国各地均有发生。

②死亡率较高。

（4）预防措施。

①在苗种放养前，彻底清除稻田中过多的淤泥，保留 15～20cm 厚的淤泥。

②采取相应措施进行生物净化，消除养殖隐患。

③消毒后，一定要等残留药物完全消失后才能放养苗种，最好使用生化药物进行解毒或降解毒性后进水。

④严格控制已受农药（化肥）或其他工业废水污染过的水进入稻田内。

⑤投喂营养全面、新鲜的饵料。

⑥虾沟中栽植水花生、聚草、凤眼莲等有净化水质作用的水生植物，同时在进水沟渠也要种上有净化能力的水生植物。

（5）治疗方法。一旦发现龙虾有中毒症状时，首先进行解毒，可用各地市场销售的解毒剂进行全田泼洒来解毒，然后再适当换水，同时拌料内服大蒜素和解毒药品，每天2次，连喂3天。

第十一节　小龙虾的捕捞与运输

一、小龙虾的捕捞

（一）捕捞时间

小龙虾生长速度较快，从放养到收获只需很短的时间。由于淡水小龙虾是蜕壳生长的，在饲养过程中个体之间生长有较大差异性，即使放养规格较为整齐的苗种，收获也不是同步的。为了提高养殖产量，减少在养殖过程中出现的因个体差异引起的相互残杀，降低养殖水体的生物承载量，当一些生长快的个体达到商品虾规格时，应采用轮捕轮放的方法捕捞上市。池塘饲养小龙虾，经过3～5个月的饲养，成虾规格达到30g以上时，即可捕捞上市。3～4月放养的幼虾，5月底6月初即可开始捕捞，7月底集中捕捞，8月份全部捕捞完毕；9～10月放养的稻田的幼虾，到第二年的3月份即可开始捕捞，5月底可捕捞完毕。

（二）捕捞方法

小龙虾捕捞的方法很多，可用虾笼、地笼网、手抄网、虾罾等工具捕捉，也可用钓竿钓捕或用拉网拉捕，最后再干池捕捉。在3月中旬至7月中旬，采用虾笼、地笼网起捕的效果较好。虾笼、地笼各种式样，常见的有用网片做的软式地笼、用竹子做的小虾笼等。需要注意的是小龙虾在捕捞前池塘和稻田要慎用药物，否则影响小龙虾回捕率。药物的残留也会影响商品虾的质量，导致市场销售障碍，影响养殖效益。

1. 地笼网捕捞

地笼网可分为两种：一种是体积较大的定置地笼网，不需要每天重复收起、放下，每天只要分 2 次（对小龙虾多的池塘要数次）从笼梢中取出小龙虾即可，7～10 天收起地笼网冲洗一次，洗干净后再放入池中；另一种地笼网体积较小，每天必须数次重复放下、收起、取虾。

目前使用较多、效果较好的捕捞小龙虾的方法是采用地笼网捕捞。用地笼网捕虾要注意以下几点。

①在捕捞前禁止使用任何药物，或起捕日期必须定在休药期之后。

②购买地笼网时要注意其做工，选择捕获量高的地笼网。

③地笼网的网眼要控制好，不可卡住未达到上市规格的虾种及虾苗。

④下好地笼网后，笼梢必须高出水面，有利于进笼的小龙虾透气。

⑤下好地笼网后要注意经常观察，地笼网中的小龙虾数量不可堆积过多，否则会造成它们窒息死亡。

⑥使用地笼网 7～10 天必须对其进行彻底的冲洗、暴晒，有利于提高捕获量。

⑦捕获起的虾要及时进行分拣，未达上市规格的虾要及时放回原池中，不可挤压，不可离水时间过长。

2. 虾笼捕捞

用竹篾编制成直径为 10cm 的"丁"字形筒状笼子，2 个入口置有倒须，虾只能进不能出。在笼中放入面粉团、麦麸等饵料，引诱小龙虾进入觅食，进行捕捉。通常在傍晚放置虾笼，早晨收集虾笼取虾。挑选大规格商品虾销售，小的继续放回池中进行养殖。

3. 其他捕捞方法

(1) 抄网捕捞。抄网又叫手抄网，制作简易，使用方便。捕虾时，用手抄网在水生植物下方或人工虾巢的下方抄捕，捕大留小。对水生植物区逐块抄捕，捕捞效果好。

(2) 虾球捕捞。用竹片编制成直径 60～70cm 的扁圆形空球，内填竹梢、刨花等，顶端系一塑料绳，用泡沫塑料做浮子即成。将虾球放入池塘或其他养殖水域，定期用手抄网将集于虾球上的小龙虾捕上来。

(3) 拖网捕捞。用聚乙烯网片制作，类似捕捞夏花鱼的渔网。拖网主要用于集中大捕捞，先将虾池水排出大部分，再用拖网捕捞。此外，还可采取放水捕虾和干塘捕虾，最后将虾全部起捕上来。

(4) 吊线捕捞。利用小龙虾喜食动物性饵料的习性，在竹竿或长棍的一端系上网线或棉线，网线或棉线长为 1.5～2.0m，在网线或棉线下端绑上蚌肉或其他肉类。捕捉时手执竹竿或长棍的另一端，将绑肉端垂入水中，引诱小龙虾摄食。当小龙虾摄食时，提起竹竿或长棍将小龙虾捕获。此种方法捕捞量少，仅供人们休闲垂钓时用。

二、小龙虾的运输

(一) 运输前的准备

(1) 在运输龙虾前，要准备好盛运虾的器具。选用器具应根据运输距离长短来确定，一般要准备鱼篓、帆布篓、塑料桶、木桶或铁桶、蒲包、蛇皮袋和尼龙袋等。

(2) 在运输前，须停饲暂养 2～3 天，预先排空肠道，促使其提前适应惊扰刺激和高密度运输环境，以保持运输过程中运输水不污染，提高运输成活率。

(二) 运输方式

小龙虾由于生命力很强，离水后可以成活很长的时间，因此运输小龙虾相对较方便、简单。小龙虾运输分为幼虾（虾苗、虾种）

运输和成虾运输，运输方式主要有两种，即带水运输和干法运输。

1. 幼虾种运输

这是虾种生产和市场流通的一项重要技术环节。通过运输，将虾种快速、安全地送到养虾生产目的地。干法运输时，多采用竹篓或塑料泡沫箱装运。在容器中先铺上一层湿水草，然后放入部分虾种，其上又盖一层水草，再放入部分虾种，每个容器中可放入多层虾种。需要注意，用塑料泡沫箱做装虾种容器时，要先在泡沫箱上开几个小孔，防止虾种因缺氧而窒息死亡。湿法运输时，可采用带水充氧运输。每个充氧尼龙袋中要先放入少量水草或一小块网片，每袋装虾密度一般为 $300\sim500$ 尾，充足氧气，加上外包装箱即可。运输用水最好取自幼虾培育池或暂养池的水，水温要与育种池一致。为避免虾种自相残杀，包装运输之前要投喂一次通过孔径 0.24mm（40 目）塑料网布过滤的蒸熟的鸡蛋，以虾种吃饱为准，然后彻底清除虾种箱内的残饵和赃物，保证虾种计数的准确及运输水质的清洁卫生。

为确保运输安全，提高运输成活率，运输前要做好运输器具、充氧、包装设备、交通车辆计划等各项准备工作，并准确计算路途时间，选择适宜装运密度。必要时，应做虾种装袋密度的梯度测试，特别是在大批量长途运输时，更需要这样做。

2. 成虾运输

运输小龙虾成虾多采用干法运输，在运输过程中，要讲究运输策略。

首先，要挑选体格健壮、刚捕捞上来的小龙虾。可以用竹篓、塑料泡沫箱作为运输容器，最好每个竹篓或塑料泡沫箱装同样规格的小龙虾。先将小龙虾摆上一层，用清水冲洗干净，再摆第二层，摆到最上面一层后，铺上一层塑料编织袋，加上少量水后撒上一层碎冰，每个装虾的容器要放 $1.0\sim1.5$ kg 碎冰，盖上盖子封好。用塑料泡沫箱作为装成虾的容器时，要事先在泡沫箱上开几个小孔。

其次，要计算好运输时间。正常情况下，运输时间控制在 4～6 小时。如果时间长，就要中途再次打开容器浇水撒冰；如果不打算在中途加水加冰，应事先就要多放些冰，防止小龙虾由于在长时间的高温干燥条件下大量死亡。装虾的容器不要堆积得太高，正常在 5 层以下，以免堆积压死小龙虾。在小龙虾的储藏与运输过程中，死亡率正常控制在 2%～4%，超过这个比例，就要改进储运方案。

成虾运输同样可以采用湿法运输。具体方法为以下几点。

（1）挑选经暂养后体壮、未受伤的小龙虾进行装运。装运时，将水袋装入容器内，再把小龙虾轻轻地沿着容器壁放入，放养密度要适量。10 升容器的木桶或帆布袋可盛水 4～5L，放小龙虾 6～8kg。如天气闷热，要酌情减量；反之，天气晴朗，水温较低，运输密度可相对大一些。

（2）运输途中，随时检查小龙虾的活动情况。如发现小龙虾在水中不停乱窜，有时浮在水面发呆，不断呼出小气泡，表明容器中水质已变，应立即换水。开始每隔 30min 换一次水，连续换水 2～3 次，使污物基本排掉为止。换水时，最好选择与原虾池中水质相近的池塘水或河水，不宜选用泉水、井水、污染的沟渠水，注意温差不宜太大。

（3）为提高运输率，可同时在容器内放几条泥鳅（一般一个容器内放 1～1.5kg），使泥鳅在容器内上下、左右不断活动，以增加容器内水中的溶氧，减少虾与虾之间的互相斗殴，降低损伤率。如在高温期运输，可在覆盖网片上加放一些冰块，溶化的冰水不断滴入容器内，以降低水温，同时在水中加放少量水葫芦，以助小龙虾抱着水草，减少下沉缺氧而死亡。

（4）如果运输超过 1 天，每隔 4～5 小时翻动小龙虾 1 次，将长时间沉在容器底部的小龙虾翻到上层，防止其缺氧死亡。

主要参考文献

1. 占家智，奚业文，羊茜. 稻田养殖龙虾 100 问 ［M］. 北京：海洋出版社，2018.

2. 万丽红，张亚东. 稻田养殖实用技术 ［M］. 北京：中国农业大学出版社，2014.

3. 江苏省淡水水产研究所. 稻田养殖一月通 ［M］. 北京：中国农业大学出版社，2010.

4. 吴旭东，张锋，张宝奎. 稻田鱼蟹养殖技术 ［M］. 银川：宁夏人民出版社，2009.